U0680992

高情商 AI抢不走的 少年力

DeepSeek深度解码
高情商少年稳赢未来

懂思瀚 著

西苑出版社
XIYUAN PUBLISHING HOUSE
·北京·

图书在版编目（CIP）数据

高情商，AI抢不走的少年力 / 懂思瀚著. -- 北京：
西苑出版社有限公司, 2025.7. -- ISBN 978-7-5151
-1092-9

Ⅰ. B842.6-49

中国国家版本馆CIP数据核字第2025UG9224号

高情商，AI抢不走的少年力
GAO QINGSHANG，AI QIANG BU ZOU DE SHAONIANLI

著 者	懂思瀚
责任编辑	彭洪清
责任校对	杨 超
责任印制	李仕杰
策 划	青书青创
开 本	710 毫米 × 1000 毫米 1/16
印 张	9.5
字 数	110 千字
版 次	2025 年 7 月第 1 版
印 次	2025 年 7 月第 1 次印刷
印 刷	三河市金元印装有限公司
书 号	ISBN 978-7-5151-1092-9
定 价	68.00 元

出版发行 西苑出版社有限公司 北京市朝阳区利泽东二路 3 号 邮编：100102
发 行 部 （010）84254364
编 辑 部 （010）64210080
总 编 室 （010）88636419
电子邮箱 xiyuanpub@163.com
法律顾问 北京植德律师事务所 （电话）17600603461

AI 全能吗？

2035 年，滨海市大同小学。

当晨光穿透全息屏幕洒进教室时，10 岁的晓菲正踮脚擦拭窗台上的露水。窗台上那排被 AI 标注为"冗余装饰品"的玻璃罐里装着春天的第一朵玉兰、秋天的最后一片银杏——这是四年级三班对抗算法统治的无声宣言。此时，小学课堂里的 AI 助理老师虽然可以精准批改作文里的语法错误，但它还是读不懂"我的同桌笑起来像微波炉里的棉花糖"这般笨拙的温暖；情感识别系统虽然可以标注嘴角上扬的弧度，但它可能会错过孩子们用落叶在课桌上拼出的生日祝福。

在这所学校，情感识别系统总将孩子们扔纸团的抛物线视作暴力预警，把课间走廊的笑闹声判定为秩序混乱。直到那个午后，当 AI 竞选班长引发信任危机，这群"不完美小孩"用秘密基地的落叶手作搭建投票箱，用真心话接力赛重写选举规则时，我们才惊觉：那些算法无法量化的笨拙与真挚，恰是少年最不可被替代的竞争力。

我也曾是执着于满分试卷的"标准答案追寻者"。在一次跨洋的电话会议上，我目睹 AI 助理完美复刻我的数据分析，在团队经营危机里看见智能系统罗列百种解决方案，我才真正读懂父亲当年写在成绩单背面的那句话："比解不开奥数题更危险的，是读不懂他人眼里的星光。"同样是在 2025 年，DeepSeek 的横空出世震动了整个硅谷，当全世界为人工智能的飞跃欢呼时，我却在我儿子元宝被同学撕破的图画本前蹲下身子——在这个即将被算法统治的时代，我究竟该给我的孩子铸造怎样的铠甲？

我带着元宝把碎纸片铺满阳台，用蜡笔给每个欺负他的同学画上想象中的烦恼。当元宝将重新装订的"情绪地图"递给始作俑者时，我看见了超越算法的魔法：皱褶的纸页间流淌的不仅是和解，还有在机械瞳孔无法感知的灰度地带中悄然生长的共情力。这种能力在智慧教育时代愈发耀眼——AI 能在一秒内生成百篇标准作文，却无法共情"外婆眼角的笑纹里藏着故乡的月亮"；情感识别系统能标注孩子眼角的泪水，却会错过孩子们用粉笔在黑板角落画下的"老师辛苦了"。就像每次元宝考砸后，我们会故作夸张地调侃："孩子，你是在憋大招啊！"我们用诙谐、幽默的语言激活孩子在遭遇挫败时的不服输感。我认为，这种在困境中保持弹性的能力，远比记忆标准答案珍贵万倍。

《高情商，AI 抢不走的少年力》记录的 21 个成长现场，是对"AI全能论"的有力反击。当智能管家为孩子们规划最优学习路径时，我们要鼓励他们在秋日策划一场可能会被风雨打乱的落叶艺术展；当情感识别系统试图给每滴眼泪贴上标签时，我们还要教会少年把心事叠进纸飞机并投向夕阳。那些被算法判定为"低效"的颜料大战、真心话接力赛，都在锻造着机械齿轮永远无法复刻的竞争力：在数据洪流中看见具体的人，在精密运转的世界里保留出错的勇气。

此刻你翻开的书页间，漫画里的琪原正对哭鼻子的郝晓娜说"需要我陪你难过会儿吗"，这简单一问的背后，是无数个清晨的深呼吸练习，是"情绪日记"里渐次明亮的色彩，是被碎纸屑沾满头发那个黄昏的成长顿悟。

罗马不是一日建成的，高情商少年也非几日可以速成，但当我们把人际交往拆解成 21 种可练习的"超能力"，**当复杂的社交智慧化作漫画格子里的会心一笑，**改变便在每个亲子共读的夜晚悄然发生——就像元宝学会的第一句安慰也并不是来自教科书，而是源于某次我蹲下身与他平视时的温度。

10年后，当无人机在云端穿梭投递包裹，当全息屏幕的蓝光正将《游子吟》的笔画拆解成数据流，我依然相信有些东西永远无法被二维码封装：比如晓菲偷偷夹在琪原笔记本里的银杏书签，比如孩子们在智能黑板上画的生日蛋糕，比如此刻你阅读的这些文字，比如眼底为某个成长瞬间泛起的涟漪。让我们共同守护这些笨拙却鲜活的少年力——毕竟在算法与纸张之外，**人类最璀璨的光芒将永远绽放在那些无法被量化的晨昏之间。**

目录
CONTENTS

附录　妈妈，什么是高情商呀？ 🔍

后记　AI 时代，让孩子用自己的方式发光 🔍

几百年来，美国哈佛大学走出了无数杰出的人物，包括百余位诺贝尔奖得主，30多位普利策奖获得者，8位美国总统，更有大批在政坛、商界的成功人士，以及在学术界独领风骚的精英。然而，成就这些非凡人物的，除了哈佛大学深厚的学术底蕴，还有一个不可忽视的重要因素——那就是哈佛大学独特的"情商教育"。

　　本书的作者，在2006年有幸踏入哈佛大学，攻读教育学硕士学位。在哈佛大学学习期间，作者深刻体会到了情商教育的重要性。哈佛大学对于教师专业成长的重视，以及终身学习的理念，让作者受益匪浅。

　　在哈佛大学的学习经历中，作者曾经遇到过许多关于教学的难题。比如，在阅读教学中，作者一度认为孩子阅读困难的主要原因是词汇量不足。然而，尽管增加了词汇量，孩子的阅读问题却并未得到根本解决。这个困惑让作者深感苦恼，直到一次偶然的机会，作者看到了教授上课展示的一张关于情感与思维的图片，豁然开朗。原来，阅读不仅仅是词汇量的积累，更是情感、思维和文化的综合体现。只有当孩子对阅读材料产生情感共鸣，理解其中的文化内涵，才能真正享受阅读的乐趣，提升阅读能力。

　　这次经历让作者深刻认识到，情商教育在学习和生活中的重要性。它不仅仅关乎情绪管理，更关乎孩子的全面发展。在哈佛大学，情商教育被融入各个学科的教学中，通过小组讨论、角色扮演、案例分析

▲ 虽然我们不能决定生命的长度，但我们可以决定生命的宽度。（哈佛大学图书馆）

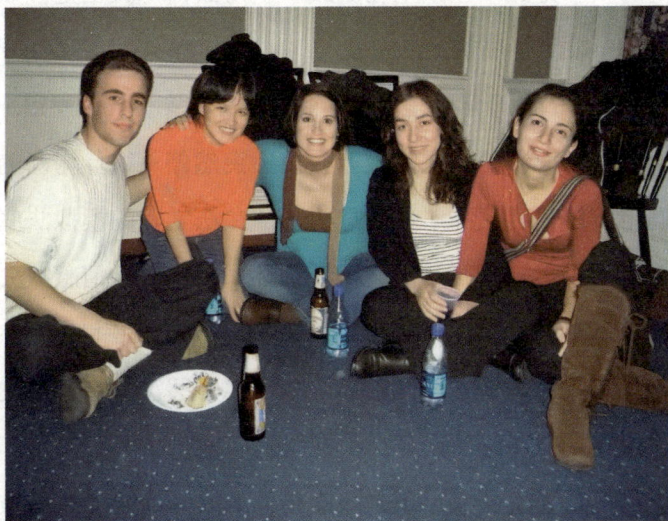

▲ 2007 年 2 月 8 日，作者（左二）参加哈佛大学学生会的生日聚会

▲ 2007 年 3 月，作者在哈佛大学研究
生宿舍（Conant Hall）与同专业同
学的小型聚会。

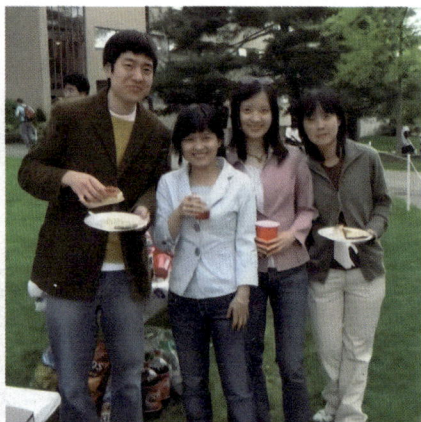

▲ 2007 年 5 月，作者在哈佛广场与同
学的一次聚餐。

等多样化的教学方式，让学生在实践中学习如何与人相处、如何表达
自己的观点、如何面对挫折和失败。

在哈佛大学的各个学院里，"情商"教育贯穿于各个科目。例如，
在经济学院的《博弈论》课堂上，教授会突然停下纳什均衡的推导，
让学生们用肢体语言演绎"信任危机"；在法学院的模拟法庭上会刻
意安排陪审团成员轮流佩戴情绪抑制颈环，以此体验情感缺失下的判
断偏差；就连在医学院的人体解剖室内，都悬挂着 20 世纪学生手绘的
漫画：一颗心脏旁写着"这里曾为失败的实验哭泣，也为陌生的微笑
加速"。这些看似离题的设计，都在诠释着哈佛大学三四百年来未变
的信条：真正的人生赢家，不是战胜机器的人，而是能让科技为情感
服务的人。

当然，我们中的大多数人可能无法亲身体验哈佛大学的校园生活，
但哈佛大学的精神和理念却是可以跨越时空的界限，与我们每个人相

遇。本书中，作者从哈佛大学情商教育的核心理念和实践方法出发，结合了大量生动的案例和实用的技巧，帮助孩子提升自己的情商水平，为 AI 时代孩子的成功打下坚实的基础。本书的"21 课情商训练"，正是将这种理念转化为日常可触的光点。当孩子完成 AI 布置的算术题后，不妨带他玩"不完美博物馆"——收集把"月亮"画成方块的涂鸦，记录把猫咪唤作"咕噜工程师"的童言；当智能手表提醒"今日社交时长不足"时，试试全家戴上眼罩共进晚餐，让味蕾重新学会辨识妈妈拿手的番茄浓汤里的独特味道。这些源自哈佛大学教育实验室的"故障式教学法"，经十万组家庭验证，能将 AI 判定的"非常规数据"，淬炼成未来最稀缺的黄金素养：在标准答案之外发现新大陆的勇气，在精准算法中保持温度的能力。

此刻，想象 2035 年的某个黄昏，我们的孩子站在落地窗前与全息导师对话。当 AI 建议他选择"社会效益最大化"的人生路径时，希望他能想起 11 岁那年的某个雨天——我们一起把数学试卷折成纸船，看它在积水的台阶上载着粉笔头航行。这种看似无用的浪漫，或许就是我们能给下一代最好的幸福疫苗：在由数据和效率构建的世界里，永远保留让 AI"不知所措"的时刻——比如为落樱驻足、为失败干杯、为陌生人眼眶发热的瞬间。

只要孩子愿意每天进步一点点，我们就能够看到孩子的成长和变化。

出场人物

CHARACTERS

琪原

为人热心开朗，善解人意，乐于助人，是班级里的"万事通"。在转校生郝晓娜到来之后成为她与班级新同学的"黏合剂"，使其迅速融入新环境。

郝晓娜

琪原的同班同学兼同桌，开朗幽默，能快速适应新环境，乐于助人，在琪原班长落选后耐心安慰他并使他走出低谷。

晓菲

长发飘飘，外形可爱迷人，是名副其实的"班花"。不喜欢被容貌定义，自信要强。

猪小戒

喜欢调皮捣蛋的胖男孩，爱搞小动作和小恶作剧，但本性善良，知错就改。

马小平

聪慧，但性格拘谨害羞，不善言谈，人多的时候容易紧张，急需克服"社恐"的心理障碍。

琦琦老师

大同小学四年级三班的班主任，因为课堂风格严肃、认真而让同学们害怕，被琪原私下称为"大老虎"，但其实在生活中是个平易近人、十分温柔的大姐姐。

程小池

大同小学五年级二班的学生，最大的爱好就是玩手机游戏，他妈妈因此很担忧。

小新

琪原的同班同学兼好朋友，个性要强，活力四射，说到自己喜欢的事情和经历就会滔滔不绝。

小强

活泼好动，热爱体育运动，尤其是篮球和足球，因此经常和小伙伴们产生肢体冲突。

陈奕安

大同小学五年级八班的学生，热爱学习，但经常陷入"下笔没有灵感"的写作困境中，在"解忧杂货铺"的帮助下，重新找到了写作灵感。

祝之兮

大同小学五年级八班的学生，性格温柔，爸爸妈妈经常因为小事吵架，这令她常常陷入痛苦低落的情绪中。在"解忧杂货铺"的帮助下，她学会了面对家庭的困境，并坚信未来会好起来。

导语 ⌄

　　校园，这个微缩的社会舞台，教会了我们许多宝贵的"人情世故"。

　　"人情世故"并非贬义词，它代表着我们在复杂的人际关系中逐渐摸索出的智慧与技巧。在校园里，我们不仅仅是知识的探索者，更是人际交往的小能手。我们学会了倾听，学会了理解，更学会了在冲突中寻找和谐。在这里，我们学会了如何与人相处，如何在团队中发挥自己的作用，如何尊重他人并赢得尊重。

校园情商 DeepSeek 定义：

　　校园"人情世故"的终极形态，是在数字监控与人性温度的交界带，培育出独特的情感暗码——既非全然透明的数据流，也不是世故的厚黑学，而是少年特有的清醒与天真：知道教室摄像头的情感识别盲区在第三排窗边 45 度角，但依然选择在那里为哭泣的同桌递纸巾；清楚 AI 班主任的表扬算法偏好，却坚持用歪扭的字迹给代课老师写生日卡。这种在智能时代特有的人性敏感度和共情力，是少年未来真正的核心竞争力。

第1课 班里来了新同学

　　转学，对于我们而言，是一次全新的冒险，周围的一切都是那么新鲜却又带着几分疏离。陌生的学校、陌生的教学方式，还有那些面孔各异的新同学，都像是一道道需要跨越的门槛。孤单感，就像一层薄薄的雾，悄悄地笼罩在我们的心头。想要迈出第一步，与这些未来的朋友打交道，却又因为陌生和尴尬而变得犹豫不决。

　　但请记住，每一次转学都是一次重新开始的机会。成绩和荣誉，在新的环境里或许需要重新定义，但我们的独特魅力和无限可能，却永远不会因为环境的改变而消失。老师们或许会有不同的教学方式和期待，但他们永远都渴望发现和培养每一个孩子的闪光点。

　　所以，当我们作为新同学站在这个全新的起点上，不要害怕，更不要退缩。深呼吸，鼓起勇气，去迎接每一个未知的挑战。记住，每一个微笑、每一次主动打招呼，都是我们融入新集体的宝贵钥匙。

小故事 大智慧　我们班上来了一个新同学 ——郝晓娜

　　周一刚上课，班主任宣布：我们班要来一位新同学，她叫郝晓娜，是个转学生。

　　郝晓娜走进教室的那一刻，班上的气氛变得微妙起来。有些同学好奇地打量着她，但更多的人则是像在看热闹，甚至有几个调皮的男生在角落里窃窃私语。我知道，他们或许是在排斥这个新来的女孩，试图用这种方式来彰显自己的存在感。

　　班主任为了让郝晓娜更快融入集体，特意安排她坐在了我的旁边。我是琪原，是班上的"万事通"，能和所有的同学打成一片，但说实话，我并不喜欢和女生玩，所以当郝晓娜坐到我旁边时，我感到了一丝尴尬。果然，我的那些朋友开始嘲笑我，怎么和女生坐在一起了。

　　然而郝晓娜并没有在意这些。她静静地坐在那里，没有像我想象的那样哭鼻子，仿佛在说："我不在乎你们的嘲笑。"我开始有些佩服这个女孩了。

　　在接下来的日子里，郝晓娜不仅学习认真，而且性格开朗，总是用丰富的想象力给我们带来欢笑。

　　就这样，郝晓娜完全融入了这个新班级。她不再是一个孤独的新来者，而是成为班级中不可或缺的一员。我们一起玩游戏、一起学习、一起分享彼此的快乐和秘密。而这一切，都始于那个阳光明媚的早晨，我们班上来了一个新同学——郝晓娜。

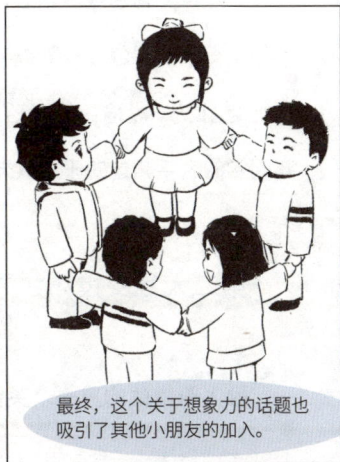

社交小技能

主动打招呼，寻找共同点

当我们面对一个新的环境，尤其是转学到一个全新的学校或班级时，融入新集体成了一个重要的挑战。不用担心，我有三大社交技巧，可以帮助大家更快地融入新集体，找到属于自己的位置。

第一大社交技巧：主动打招呼

你知道吗？一个简单的"你好"或"嗨"就可能是打开新友谊之门的钥匙。当我们转学到一个新班级时，很多人都会觉得害羞或不确定是否应该主动和别人说话。但是我发现，主动打招呼其实是一种非常友好的方式，可以告诉别人："嘿，我在这里，我想和你成为朋友。"

每次课间休息或放学后，我都会尽量和不同的人打招呼。我会问他们："你觉得这节课怎么样"或者"你中午打算吃什么"类似这样的小问题，往往能引发一段愉快的对话。而且，主动打招呼还能够让我更快地记住新同学的名字，这对于建立友谊是非常重要的一步。

第二大社交技巧：寻找共同点

融入新集体的另一个关键是找到和新同学的共同点。这并不意味着我们要完全改变自己来迎合别人，而是要找到那些我们可以共享、共同喜欢或共同经历的事情。

比如，我发现新班级里有一个同学也喜欢打篮球。虽然我之前并不认识他，但因为我们都有这个共同的爱好，所以很快就成了朋友。我们经常一起讨论篮球比赛，有时候还会一起去打球。这样的共同点让我们有了更多的话题和交流的机会。

除了兴趣爱好，我们还可以寻找其他的共同点，比如喜欢的电影、音乐或者是对某个学科的热爱。只要我们用心去寻找，总能找到和新同学之间的连接点。

第三大社交技巧：积极参与集体活动

最后，融入新集体的一个重要途径就是积极参与集体活动。

我记得有一次，学校组织了一个户外拓展活动。虽然我之前并没有参加过这样的活动，但我还是鼓起勇气报名了。在活动中，我和新同学们一起完成了各种挑战和任务。通过这次活动，我结交了很多新朋友。

所以，不要害怕尝试新事物，勇敢地走出自己的舒适区，去参与那些有趣并且具有挑战性的活动吧！

如何主动加入课间游戏？

AI加油站

两种常见的课后小游戏

1. 金鸡独立

参加人数：2人以上；

　　比赛规则：每人站在一张A3纸上，开始成语接龙，回答错误的将A3纸对折，直到无法站立为止，即为淘汰。

2. 单脚火车跑

　　参加人数：2组以上，每组2人以上；

　　比赛规则：

　　参加的同学分好组后，排成一列，每人抬起左脚，仅用右脚支撑。后一人右手搭前一人右肩，左手托住前一人左脚，多队并排一起站在起跑线上。

　　裁判发令后各队齐出。比赛距离为30米。

　　按所用时间排名，少者胜。

　　注意：队友左脚着地的队伍将失去比赛资格。

在学校展现才能，会被笑话吗

校园不仅是学习的场所，更是我们初次踏入社会的演练场，一个充满无限可能的舞台。在这个舞台上，每个人都是独一无二的演员，怀揣着五彩斑斓的梦想，渴望着被看见、被理解、被认可。

在这里，老师们将通过生动的故事和实用的技巧，引导我们认识到每个人心中都有一个属于自己的舞台，无论它多么不起眼，都足以承载大大的梦想。老师们还将教会我们如何自信地表达自己的观点和感受，如何在团队中发挥自己的长处，同时尊重并欣赏他人的不同。

更重要的是，老师们还会引导我们学会情绪管理，懂得如何在面对挫折和困难时依旧保持乐观和坚韧，用积极的心态去面对生活中的每一个挑战。因为真正的成长，不仅仅在于知识的积累，更在于情商的提升，在于如何成为一个懂得合作、懂得分享、懂得感恩的人。

小故事 大智慧　大脚丫郝晓娜跳芭蕾舞

郝晓娜，有着一双与众不同的脚丫——异常宽大。这双大脚丫，在旁人眼中或许是极大的不便，但郝晓娜是个乐天派。小时候，郝晓娜用她的大脚丫就能轻松踮起脚尖，从家里高高的柜子上取下妈妈藏起来的饼干。每当冬天来临，她根本不需要滑雪板，她的大脚丫就能在雪地里畅快滑行。

然而随着年龄的增长，这双大脚渐渐成了郝晓娜心中的隐痛。商场里那些漂亮的鞋子，总是那么小巧精致，塞不下她的大脚丫。和同学们一起跳绳时，郝晓娜常常因为脚丫太宽而被绳子绊倒，因此大家都不喜欢和她一起组队。在学校的年度歌剧表演中，她也因为大脚丫的缘故，只能扮演小丑的角色，而她的内心深处，其实藏着一个跳芭蕾舞的梦。

然而郝晓娜并未因此而沮丧消沉，她勇敢地做自己，用那双特别的脚丫走出一条独一无二的道路，去追寻藏在心底深处的芭蕾舞之梦，让大脚丫不再是阻碍，而是助力她腾飞的翅膀。

每次排练完小丑舞蹈，郝晓娜就去看同学跳舞，然后回家复习她所看到的动作。

随着才艺表演时间不断临近，郝晓娜已经能轻松地跳过她的床，而且连续不停地旋转好几圈。

记住，你显得越笨拙越好。让你的大脚丫尽量发挥！

一位舞者优雅、轻快地从旁边经过。

我是不是在哪儿见过你呀？

该你上场了！

郝晓娜从后台看着她跳跃、旋转，不禁感叹："她的动作多么美妙啊！"

不知不觉地，她轻快地在空中跳跃、转圈，两条腿朝两边踢出去劈成一条直线。

无论舞台多么狭小，只要心中有梦想，有坚持的力量，就能让梦想绽放。

社交小技能

勇敢一点，慢慢来，朋友会越来越多的

我们在学校渴望被看见、被理解和认可，以下两点社交小技巧或许能有所帮助：

主动倾听与表达：学会耐心倾听同学的话语，通过点头、微笑等非言语方式展现关注，然后在适当的时机表达自己的看法和感受。这不仅能增进彼此的理解，还能让孩子在社交中显得更为友善和可靠。

积极参与团队活动：加入学校的兴趣小组、社团或运动项目，积极展现自己的才能和热情。在团队中，我们更容易找到归属感，同时通过自己的贡献获得他人的认可和尊重。这种正面的社交经历有助于提升孩子的自信心和社交技能。

记得，要勇敢一点，慢慢来，朋友会越来越多的！

练一练

自信让我闪闪发光

AI 加油站

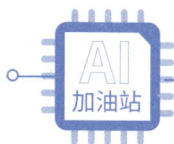

三句名人名言激发孩子内驱力

如果一个人影响到你的情绪，你的焦点应该放在控制自己的情绪上，而不是影响你情绪的那个人上。

——马克·吐温

欺负你的人因你的软弱而来，欣赏你的人因你的自信而来，不在乎你的人因你的卑微而来，爱你的人因你的自爱而来。

——稻盛和夫

先相信自己，然后别人才会相信你。

——罗曼·罗兰

第3课 "班长选举"记

班长，是老师的得力助手，也是我们学习的榜样。

在学校里，选班长对我们来说可是一件非常盛大的事情，而且大多数孩子，包括我，都有着争强好胜之心，都渴望能在班级中获得大家的 认可，不论是小组长还是班长，大家都会抢着当。而且，老师和家长们也普遍认为，这样的良性竞争能让我们快快长大。

不过，我们在参加选举的时候，有时也会遇到一些和小伙伴相处的难题。但事情并不会都如自己所愿，我们在面对落选或多或少会感到落寞。还有的在落选后往往表现得不那么自信，甚至可能影响到平时的学习状态。因此，非常希望老师和家长能关注我们参选的感受，让我们能够开开心心地参与选举，心平气和地接受选举结果，快快乐乐地成长。

小故事大智慧 请为我投票

今天，是大同小学四年级三班选举班长的日子，班级气氛显得有些紧张。每个候选人的脸上都写满了期待与紧张，其中就包括我——琪原。

我的学习成绩一直在班里名列前茅，且今年暑假过了钢琴十级，可谓是老师和同学们眼里德智体美劳全面发展的好学生。所以，这次班长竞选，我早就在家里夸下海口，志在必得。

没想到竞选那一天却发生了一系列"意外"。

第一环节是"才艺表演"，我是第一位上场的，没想到在我上场之前，对手罗成就拉拢了同班同学，要他们和自己一起在其他人展示才艺的时候起哄，并许诺参与此次"起哄"的同学，在自己当上班长后，都会有好处。

因为这次意外事件，我以微弱的票数差距落选了。当然，罗成因为干扰了公平选举的环境，最终也没有选上。

落选后，我的心情一下子跌到了谷底，默默地坐在自己的座位上，眼神中透露着失落。我不断地回想自己过去的表现，试图找出落选的

原因。"是我不够优秀吗？是我在同学们心中没有威信吗？还是我的竞选演讲不够动人？"但郝晓娜的安慰给予了我信心。

琪原，别这样。竞选输了不代表你不优秀，只是方式不一样罢了。

可是……我真的那么差劲吗？

于是，我主动找到新任班长若南，表示愿意协助班级工作。同时，我也更加努力地学习，提升自己的能力，希望未来能够以更优秀的姿态站在同学们面前。

琪原，你这次策划的演出太棒了！

谢谢夸奖，我也很高兴能够为大家做点什么。

随着时间的推移，我不再纠结于班长的头衔，而是真心实意地为班级和同学们着想。在一次班级活动中，我凭借出色的组织和协调能力，成功策划了一场别开生面的文艺演出。

人生中的每一次挫折都是成长的垫脚石。只有勇敢地面对挫折，不断调整自己的心态和行动方向，才能在未来的道路上走得更远更稳。

社交小技能

情商不等于世故

一定要记住情商不等于世故。对于孩子来说，身上最珍贵的品质，是天真无邪，是骨子里的单纯和善良。

罗成在"才艺展示"环节中的做法，通过带头起哄，贬低别人来达到自己的目的，虽然有一定的效果，但同时也破坏了自己在老师和其他同学心中的形象。

成长不是褪去童真，而是让童真在成熟中绽放光芒，成为孩子未来人生路上最珍贵的宝藏。

其次，学会从失败中汲取经验是成长的必修课。如果我们在选举中未能如愿以偿，不要气馁或怨恨。相反，我们应该冷静下来，认真分析失败的原因。是准备不够充分，还是表达不够清晰？或者是与同学们沟通不够深入？找到问题所在，然后针对性地进行改进。

练一练

落选的感想：在挑战中成长，于关爱中前行

虽然竞选失败了，但还是想谢谢那么多帮助我，支持我的人。小雨，感谢你熬夜为我修改竞选稿，一字一句都凝聚着你的智慧与期待；谢宇，你的到来给予了我莫大的鼓励，让我更加坚定地站上了那个舞台。还有那些在背后默默支持我的每一个人，你们的每一次点赞、每一条鼓励的信息，都是我前行的动力。

然而，最让我感动的是在竞选失败后，那些第一时间向我伸出援手的朋友们。大凤发来温暖的信息，字字句句都是对我的安慰与鼓励；郝晓娜轻声的鼓励，无须更多言语，那份力量已传至心间；薛成、小萌、小雨、林延鹏……还有太多太多未能一一提及的名字，你们的关心与关爱如同冬日里的暖阳，驱散了我心中的阴霾。

对于未来，我充满了期待和憧憬。我要将这份遗憾转化为前进的动力，更加专注于自我提升。

说到新班长若南，我真心佩服他，简直是我的偶像！我得向他多学习，让自己变得更强大，更经得起考验。虽然这次没选上，但我不会气馁，反而要更努力，证明给大家看，我也能行！未来的路还长，我会带着这次的经验，继续勇往直前，书写自己的精彩故事。

谢谢大家一直以来的支持！

AI
加油站

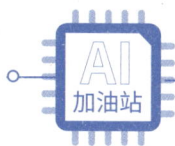

参与竞选小妙招

准备一份简洁的自我介绍。

在纸上写下你的名字、性格特点，以及你对班级的热情。内容要真实诚恳，要让同学们感受到你的真心。

演讲时别念稿子，自然地表达你对班级的想法和计划，像是 "我注意到大家课间总为使用电脑而争抢，我们应该和老师商量合理安排使用时间"等。还要展现自己的亲和力，让大家都觉得你是能和他们打成一片的朋友。

在竞选现场主动和同学们互动交流。耐心倾听他们的想法和建议，以此拉近和同学们之间的距离。

这样，让更多人知道你当上班干部后的一系列计划、目标以及你如何打算为班级带来积极的变化和贡献。

第 4 课　请勇敢一点，对欺凌说"不"

每当我看到校园欺凌的报道，内心都会为之震颤，那些本应在阳光下自由欢笑、快乐成长的孩子们，却因欺凌而失去了纯真的笑容，变得沉默寡言，甚至对学习和生活产生了深深的恐惧。

面对欺凌，许多人选择沉默与忍受，这不仅让他们的心灵受到伤害，更可能让欺凌行为愈演愈烈。勇敢地说"不"，是我们都应该学会的重要一课。本堂课将帮助我们认清欺凌的危害，掌握应对欺凌的方法，从而培养出坚韧、勇敢、自信的品格。

小故事大智慧　别想欺负我

面对外界的不公，我们应当学会妥善保护自己，避免盲目冲动和逞强。我们在积极应对的同时，应培养内心的坚韧与强大，这才是真正的勇敢所在。

遇到自己解决不了的事情不要埋在心里，要第一时间告诉家人、老师，学会向自己信任的人求助。在生活中，我们也要增强自我保护能力，让自己变得更加坚强、自信和勇敢。

社交小技能

学会对欺凌说"不"

当我们遇到了那些试图欺负我们的"恶魔"，别怕，让我们一起学习如何变成勇敢的小战士，用智慧和勇气守护自己！试试这些方法，就会发现，我们自己比想象中还要强大！

1. 勇敢说"不"

当被人冒犯时，要学会用坚定的眼神和语气告诉对方："不可以！"就像勇敢的小船长迎战风浪的侵袭，坚守自己的航线。

2. 用声音震慑对方

突然之间，像夏日午后的惊雷，大声地喊出来，哪怕只是"啊"的一声，也能让对方心头一震，感受到你的不可侵犯。

3. 寻找援手

遇到困难时，要向身边的人求助。想象一下，你就像森林里迷路的小鹿，找到信任的伙伴，一起走出困境。

4. 眼神的力量

像狮子、老鹰那样，用犀利而冷静的眼神直视对方。可以让爸爸妈妈给我们做个示范，那是一种无声却强大的语言，能让对方感受到我们的坚定和勇敢。

5. 无视的艺术

有时候，最好的反击就是不理不睬。把冒犯我们的人当作空气中的尘埃，轻轻一吹，继续走我们的路，让他在我们的世界里毫无存在感。

6. 揭露真相

告诉冒犯我们的人，他的行为就像躲在黑暗中的胆小鬼，有本事就在阳光下堂堂正正地较量。

7. 迅速撤离

如果情况不妙，不要犹豫，应像敏捷的小鹿一样，快速而安全地离开现场。保护自己，永远是第一位的。

真正的勇敢不是无畏的冲锋，而是智慧和勇气的结合。用这些方法，我们会发现自己越来越自信，越来越强大！

练一练

如何辨别校园欺凌

1. 辱骂、讥讽、起侮辱性外号

2. 恐吓、威胁

3. 故意毁坏他人财物

4. 恶意传播他人隐私

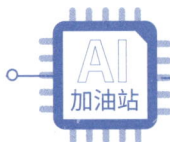

AI 加油站

关于校园欺凌，这些法律法规要知晓

《中华人民共和国刑法》《中华人民共和国未成年人保护法》等，有几条和校园欺凌有关的特别重要的法规，我们一起来看看！

《中华人民共和国刑法》第十七条

已满十六周岁的人犯罪，应当负刑事责任。

已满十四周岁不满十六周岁的人，犯故意杀人、故意伤害致人重伤或者死亡、强奸、抢劫、贩卖毒品、放火、爆炸、投放危险物质罪的，应当负刑事责任。

已满十二周岁不满十四周岁的人，犯故意杀人、故意伤害罪，致人死亡或者以特别残忍手段致人重伤造成严重残疾，情节恶劣，经最高人民检察院核准追诉的，应当负刑事责任。

对依照前三款规定追究刑事责任的不满十八周岁的人，应当从轻或者减轻处罚。

因不满十六周岁不予刑事处罚的，责令其父母或者其他监护人加以管教；在必要的时候，依法进行专门矫治教育。

《中华人民共和国未成年人保护法》第十六条

未成年人的父母或者其他监护人应当履行下列监护职责：（二）关注未成年人的生理、心理状况和情感需求；（三）教育和引导未成年人遵纪守法、勤俭节约，养成良好的思想品德和行为习惯；（九）预防和制止未成年人的不良行为和违法犯罪行为，并进行合理管教。

《中华人民共和国未成年人保护法》第三十九条

学校应当建立学生欺凌防控工作制度，对教职员工、学生等开展防治学生

欺凌的教育和培训。

学校对学生欺凌行为应当立即制止，通知实施欺凌和被欺凌未成年学生的父母或者其他监护人参与欺凌行为的认定和处理；对相关未成年学生及时给予心理辅导、教育和引导；对相关未成年学生的父母或者其他监护人给予必要的家庭教育指导。

对实施欺凌的未成年学生，学校应当根据欺凌行为的性质和程度，依法加强管教。对严重的欺凌行为，学校不得隐瞒，应当及时向公安机关、教育行政部门报告，并配合相关部门依法处理。

《中华人民共和国未成年人保护法》第一百条

公安机关、人民检察院、人民法院和司法行政部门应当依法履行职责，保障未成年人合法权益。

《中华人民共和国预防未成年人犯罪法》第二十条

教育行政部门应当会同有关部门建立学生欺凌防控制度。学校应当加强日常安全管理，完善学生欺凌发现和处置的工作流程，严格排查并及时消除可能导致学生欺凌行为的各种隐患。

我的同桌很好动

　　有时候我们会遇到那种特别爱闹腾的同桌，他们就像小猴子一样，总是动个不停，爱说话，还可能把同学的书变成"画画本"，或者悄悄地拉其他同学的衣服和头发玩。如果碰到这样的同桌，家长都会无比担心自己孩子会受到影响，导致学习不专注，还有可能跟着学了坏习惯。那如何是好呢？我们先来看一个小故事。

小故事大智慧　我的同桌是猪小戒

　　我们在学校里遇见的每一位同桌，他们每个人都有自己的小性格，有的活泼好动，有的安静内敛，就像彩虹上的不同颜色，各有各的美。学会和不同的人相处，这样才能让自己的世界更加丰富多彩。换同桌，虽然能暂时避开一些问题，但并不能从根本上学会如何与人相处，增长智慧。

1. 新插班生猪小戒走进教室，老师安排他成为我的同桌。

2. 结果他一屁股坐塌椅子，四脚朝天摔倒在地。引得全班同学哈哈大笑。

3. 猪小戒上课睡觉，被老师轻轻拍醒。

4. 他还很调皮，一边给前桌抓痒一边又拿走后桌的文具盒。

5. 最让我生气的是他居然把我朋友送我的笔给弄断了。

6. 我气急败坏，真想揍他！

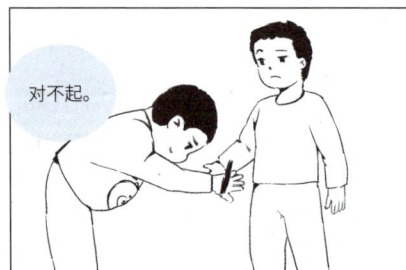

7. 没想到第二天他居然跟我道歉，还把笔给我修好了。

8. 我们一起往操场走去，他还说要教我数学，我心里想：猪小戒有时候还挺可爱的。

社交小技能

增进理解，制定规则

1. 深呼吸，保持冷静

首先，深呼吸几下，就像我们闻到最喜欢的冰激凌味道那样，让心情变得甜甜的，冷静下来。这样才能更好地应对！

2. 增进理解

要善于发现别人的优点。同桌虽然调皮捣蛋，但是点子多，脑袋灵活……我们要知道每个人的性格都不同，都有自己的优缺点，学会欣赏别人的优点，包容别人的缺点。

3. 友好提醒

我们可以轻声跟他说："嘿，我们现在在上课/学习呢，能稍微安静一下吗？我想专心听讲/完成作业。"大多数时候，他们只是没意识到自己的行为影响到了别人。

4. 找老师帮忙

如果提醒几次还是没有效果，我们可以告诉老师。老师会像超人一样，帮助我们找到好的解决办法，比如换个座位或者跟他谈谈。

5. 建立小规则

可以和同桌一起制定一些小规则，比如"上课时不打扰对方，下课再一起玩"。这样我们不仅能学会尊重彼此，还有可能成为好朋友呢！

6. 保持自己的好习惯

记住，不管别人怎么做，我们都要坚持自己的好习惯，好好学习，做好自己的事情。"近朱者赤，近墨者黑"，我们要选择做那个影响别人变好的"朱者"！

试试这些方法吧，相信我们不但能很好地处理这个问题，还能学到很多与人相处的小技巧！加油！

练一练

我能做个好同桌

游戏名称：我能做个好同桌；

游戏目标：通过趣味互动，增进同桌之间的理解、尊重与友谊，共同营造一个互相包容、支持的学习环境。

我们对别人付出什么，就能收获什么。当我们能做个好同桌，就能收获一个好同桌。

好，那我们和同桌玩玩这个游戏吧！

你是我的好朋友！

你真可爱！

你好！

今天我们先来玩一个游戏！这个游戏叫"山谷回声真好听"。

你是我的好朋友！！！

你真可爱！！！

你好！！！

AI 加油站

名人与多动症的那些事

当爸爸妈妈们第一次听到医生说自己的孩子有多动症时，心里肯定会很着急，就像突然遇到了一个不太容易解决的问题。有句话说得很好：上帝给你关上一道门时，总会给你打开一扇窗户。有很多非常了不起的人，他们小时候也有过多动症呢！接下来，我们就来聊聊两个特别的故事，希望能给受到"多动症"困扰和影响的你带来一些启发和正能量。

第一个故事是关于一个超级勇敢的"老虎将军"——乔治·巴顿。在二战期间，将领们各自以其独特的风格和才能闪耀光芒，德国的埃尔温·隆美尔被

誉为"沙漠之狐"，美国的柯蒂斯·爱默生·李梅将军，则被视为"冷战之鹰"，而乔治·巴顿将军无疑是战场上的一头"猛虎"。他拥有强健的体魄和过人的运动天赋，在奥运会的五项全能比赛中荣获佳绩，证明了其全面的身体素质。在军事领域，他更是以组织强悍的进攻和鼓舞士气能力闻名于世。巴顿将军在小时候，就被诊断出患有多动症，虽然长大后很多症状都消失了，但还是有些习惯保留了下来。比如打仗的时候，巴顿将军总是坐不住，喜欢跑到最前方探查军情，虽然这样很危险，但士兵们看到将军这么勇敢，也都跟着更加卖力了。所以，有些状况下通过引导，缺点或问题也可能转化为优点！

第二个故事是关于体操界的传奇人物西蒙·拜尔斯，尽管她幼时便被诊断出患有多动症，却凭借坚韧不拔的毅力，成为世界顶尖体操选手。6 岁时，拜尔斯在托儿所初次接触体操，8 岁便在德州一家体操俱乐部开启专业训练之旅。她天赋异禀，教练称其是"奇才"，别人数月乃至数年才能学会的新技术，她仅需三天就能掌握。2016 年里约奥运会，她更是大放异彩，一举摘得四金一铜。截至 2024 年，拜尔斯成为体操世锦赛上夺得奖牌最多的运动员，女子体操史上获得世锦赛金牌最多的运动员，女子体操史上第一个实现个人全能三连冠的选手以及美国首位奥运女子跳马金牌得主。然而，外人只看到她光鲜的一面。其实她从小深受多动症的困扰。为控制多动症症状，拜尔斯从小就开始服用 Ritalin（哌甲酯）。此药虽能让她大脑平静、提高注意力控制能力，但副作用明显，服用后剧烈运动有猝死风险。即便如此，拜尔斯从未放弃，一路披荆斩棘，成就体操传奇。

这两个故事告诉我们，即使患有多动症，也不代表他们就没有好的未来。每个孩子都有自己的闪光点，只要家长、老师用心去发现，去培养他们的优点，他们都有可能成为非常了不起的人！

"班花"的困扰

你知道吗？"班花"也有自己的小烦恼。有的人说："每次我走在校园里，感觉周围的同学都在看我，有的羡慕，有的可能还有点小嫉妒，这让我感觉挺不自在的。"还有的人说："虽然好的长相增加了我的自信，但我心里清楚，真正的自信，其实是来自我们心里的勇敢和那股不服输的劲儿！"

小故事大智慧 "班花"晓菲的成长烦恼

五年级的晓菲，被大家称为"班花"。每当课间铃声响起，她的抽屉就像被施了魔法，总会多出各式各样的小零食；而每当生日或节日来临，她的小书桌就会被五彩斑斓的礼物装饰得如同童话世界一般。这样的场景看似美好，但背后的故事却远比我们想象的要复杂得多。

任何事情都存在两面性，同样颜值高也有它的两面性。晓菲在学校里太受欢迎，也应值得我们深思：在孩子还未建立正确、稳定三观时，颜值带来的诱惑与压力，该如何应对？

社交小技能

学会包容，保持谦逊

在校园里，那些被称为"班花"的女生，能够长时间保持受欢迎可不仅仅因为她们的高颜值，或许还因为她们掌握了一些值得我们学习的实用社交小技巧。

比如，她们懂得谦逊与包容，从不因外貌出众而自傲。她们尊重每个人，用宽广的胸怀接纳不同的观点与个性，因此在同学中赢得了良好口碑与尊重。

然而作为"班花"，她们也面临着更多的挑战和危险。首先，她们必须学会保护自己，在面对复杂的两性关系和日常生活中的潜在威胁要时刻保持警惕。

更重要的是，她们明白真正的成功需要靠实力，真本领才是立足之本。因此，我们不能只注重外表，更要培养内在的品质和正确的价值观。

练一练

如何成为受欢迎的人？

真正的美丽不仅仅是外貌的出众，更是内心的善良和品德的高尚。一个包容谦逊的女孩子，能够在人群中散发独特的光芒。她不会因为自己有

出色的容貌、渊博的学识而骄傲，而是能以平和的心态对待他人，以宽容的心胸接纳不同的声音。

有一种女生，被称为班级里面的小太阳，她们很阳光，因为性格活泼开朗，乐于助人，是班级里面的小太阳，谁看到她都会感到很开心。

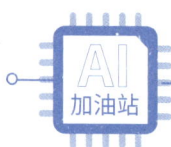

AI加油站

校园里的异性交往

1. 尊重他人

要尊重异性同学的人格、意愿和空间，不嘲笑、不捉弄、不侵犯他人，也不传播关于异性的谣言或负面言论。

2. 适度交往

与异性同学进行正常的交往，但要避免过度亲密或单独相处，保持适当的距离和界限。

3. 保持礼貌

注意保持言行举止的礼貌，使用文明的语言，避免粗俗、冒犯的言行，展现出良好的教养和素质。

4. 自我保护

不随意接受异性的礼物或邀请，不单独与异性去偏僻的地方，遇到不适的情况时，要勇敢表达并及时求助。

5. 正确看待感情

正确看待对异性产生的好感，以学习和成长为主要任务，将感情放在适当的位置，避免过早陷入恋爱关系。

6. 培养沟通能力

学会与异性进行有效的沟通，表达自己的想法和感受，同时学会倾听对方的意见和需求。

7. 树立正确人生观

树立正确的人生观，明白真正的友谊是建立在相互尊重、信任、支持和关爱的基础上的。

8. 关注学业

不要因为与异性同学的交往而分散对学业的注意力，保持对学习的专注和热情，以实现学业目标和个人成长。

人多不敢说话？
教你摆脱"社恐"

不知道大家有没有过这样的经历：在人多的场合，心里明明有很多话想说，嘴巴却像被胶水黏住了一样，怎么也张不开？或者，当你鼓起勇气和人说话时，声音却小得像蚊子一样，连自己都听不清？别担心，你并不孤单！很多小朋友在成长过程中都会遇到这样的"小烦恼"。这其实是一种叫作"社交恐惧"，简称"社恐"的情绪。不过，好消息是，我们可以通过学习和练习，慢慢地克服它。

小故事大智慧 勇敢地迈出社交的第一步

马小平是个聪明伶俐的孩子，但每当家里来客人或者学校组织集体活动时，他总是躲在角落里，不敢与人交谈。妈妈注意到了这一点，决定帮助马小平克服这个心理障碍。

社交小技能

三个技巧教你如何迈出社交第一步

　　每个人都渴望拥有更多的朋友。但有时候，勇敢地迈出社交的第一步似乎并不容易。别担心，这里有几个简单又实用的社交小技能，帮助你轻松融入集体。

1. 设定小目标，一步步来

想象一下，你就像是一个勇敢的小探险家，每次只设定一个小小的目标，比如先和同桌打个招呼，或者课间休息时加入旁边的小组游戏。每完成一个小目标，就给自己一个小小的奖励，这样你会越来越有信心，社交圈也会自然而然地扩大。

2. 学习眼神交流，传递真诚与自信

学会用眼神和别人交流。当你和别人说话时，试着看着对方的眼睛，自然地保持眼神接触会让对方觉得你很友好，也更容易和你亲近。

3. 使用开放式问题，让对话更有趣

想和别人聊得更久、更深入吗？那就试试用开放式问题吧！比如，"你周末喜欢做什么"或者"你最喜欢的书是哪一本"这样的问题可以让对方有更多的回答空间，也能引导出更多的话题。

记住，勇敢迈出第一步是最重要的，剩下的就交给时间和你的真诚与努力吧！

练一练

"社恐"变"社牛"

活动目的

为了帮助大家克服社交恐惧，提升主动与陌生人交流的能力，我们特别设计了"超市问询挑战"，让大家在轻松愉快的氛围中，学会自信地迈出与陌生人交流的第一步。

"超市问询挑战"不仅是一次简单的社交活动，更是一次自我挑战和成长的旅程。通过真实场景中的模拟问询，让参与者亲身体验与陌生人交

流的乐趣和挑战。由小组合作完成任务，增强团队凝聚力和相互支持的氛围。通过分享和讨论，促进参与者对自我社交能力的认识和提升。

AI
加油站

导致孩子出现社交恐惧症的原因有哪些？

社交恐惧症为什么会找上门？原因涉及多个方面。

首先，遗传因素占一部分。要是家里有长辈"社恐"的问题，那孩子"社恐"的概率就会高一点，这是遗传在捣鬼。

再者，个人心理因素也很重要。我们总是担心别人会怎么看自己，老觉得周围人都在盯着自己，找自己的茬，容易导致心里紧张，就什么也做不好了。时间一长，就会觉得自己哪儿都不好，变得越来越不自信，但其实谁也不能保证自己总能做得尽善尽美，所以挫败感就越来越强了。

另外，小时候的经历和家庭环境对个人也有很大影响。小时候被欺负过，或者家长要求特别高，老是被批评，这些都会让我们觉得和人打交道很可怕，导致我们开始远离人群，觉得只有这样自己才不会受伤。慢慢地，我们就觉得这个世界不安全，自己也不值得被爱。这种想法一旦形成，就很难改变了，和人打交道也就更难了。

所以，形成社交恐惧症的原因比较复杂，须从多个方面去分析。

第8课 被大人误解了怎么办

你有被大人误解过吗？这个问题的答案几乎是一定的。

近期，在网上有人提出了一个问题："在你的童年时期，是否有某件事情至今仍让你耿耿于怀？"众多网友纷纷回顾起自己心中那些难以忘怀的往事，其中不乏一些令人捧腹的趣事，但更多的是让人感到心酸的故事。尤为引人注目的是，许多网友提到，给他们带来心理阴影的，往往是"被老师误解"。

儿童时期，孩子的心理发育尚未成熟，价值观也正处于构建的关键阶段。在这个时期，多数孩子表现得极为敏感，因为他们的世界很小，小到只有家长、老师、同学，一个小小的误解就可能在心里放不下，想不开。

在我们小小的世界里，"被大人误解"是一件糟糕的事情。当我们遭到误解，该如何面对自己内心的挣扎，如何解决和消化由误解带来的负面情绪？

我的老师是"怪兽"吗？

　　我是琪原，我特别害怕我的班主任——琦琦老师。她在学校里总是神情严肃，每次看到她，我就像小白兔遇到了大老虎，只想快点躲开。

　　前几天，琦琦老师批评了我，说我上课走神。哎呀，那真是冤枉！我其实是在想一道数学题，可我又不敢跟老师解释，怕她更生气。

　　在我心里，琦琦老师就像只大"怪兽"，每次她重重跺脚，大声喊"快点坐好"或者说"在课堂上扔纸飞机的同学不许下课"的时候，我都觉得她的样子好可怕。幸好，周末的时候我可以在小区和公园里自由自在地玩，不用面对"怪兽"琦琦老师了。

　　可是，有一天我在公园里居然遇到了琦琦老师！

　　我很想逃走，但这样可能只会让事情变得更糟。无奈之下，我只能默默地走近老师，战战兢兢地举起我的右手跟她打招呼，并开始一段尴尬的聊天。

1. 出于礼貌我举手跟琦琦老师打招呼，开始了一段尴尬的聊天。

2. 正当尴尬的气氛弥漫时，突然刮来一阵大风，将琦琦老师的帽子吹飞了！

3. 琦琦老师很在意那顶帽子，于是我赶忙去追帽子。

4. 一番追逐后，我终于抓住了帽子。

5. 我把帽子还给琦琦老师，没想到琦琦老师非常温柔地感谢我。

6. 于是我没有了开始的紧张，和琦琦老师自然地聊起来。

7. 我突然想起一个好玩的事，便领着琦琦老师一起去看。

8. 我俩一起爬山，琦琦老师还提醒我要小心。

9. 到了山顶，纸飞机在空中飞翔，琦琦老师笑着说这一定是世界上最棒的纸飞机。

10. 回到了学校里，琦琦老师又恢复了往日严肃的神情。

11. 我又担心琦琦老师会不会再次变回"大怪兽"。

12. 但我又想，只要我好好表现，做好自己，她没有理由不喜欢我！

　　转眼又到了周一，不知道琦琦老师还会不会变成那个"怪兽"。我真的好期待和琦琦老师在学校里也能像在公园里那样开心地玩，愉快地聊天！

社交小技能

换位思考及与老师的有效沟通

1. 换位思考

每堂课只有 45 分钟，老师对每位孩子的关注时间平均不足一分钟。面对我们可能出现的各种状况，老师往往难以即刻了解背后的具体原因。因此，偶尔的误解难以避免。

2. 被误解可以及时解释

当我们被老师误解了，如果能当场解释就最好；不能的话，事后也要找机会和老师说清楚。因为勇敢去解释，一方面能说明我们确实内心坦荡，另一方面也能增进彼此的了解，还能消除隔阂，让彼此心里都舒坦。沟通是解决问题最直接、最有效的方法！

3. 及时调节、消化负面情绪

（1）当我们被老师批评了尽量别往心里去，心里不舒服了可以选择哭出来，哭完心情会舒畅很多。

（2）我们需要得到家长足够的爱和支持。这样就算天塌下来，还有爸爸妈妈给撑着呢。这就是家的温暖，所以当我们心里有什么想不通的，尽管跟爸爸妈妈说，一起面对。

（3）有时候，被批评误解也有它的好处。因为它给予我们去解释和澄清的机会，学着与人沟通，也能让我们变得更坚强，当以后遇到家庭矛盾、工作难题，都能更从容地应对，不会轻易被击垮。

练一练

当我被妈妈误解时

你怎么又欺负妹妹？

我没有。

呜呜呜。

妹妹自己摔倒了，不是我弄的。

可以通过写信的方式沟通，化解误会。

也可以通过运动或者做自己喜欢的事情让自己心情好一些。

AI 加油站

化解误会的名言警句

人遇误解休怨恨，物过严冬即回春。

——《格言集锦》

承认自己也许会弄错，就能避免争论，而且，可以使对方跟你一样宽宏大度，承认他也可能有错。

——戴尔·卡内基

中篇

如何与
爸爸妈妈相处

导语 ⌄

　　7～14 岁的孩子正处于成长的黄金时期,他们的身心快速发展,开始有了自己的思想和情感,他们与父母的关系也变得更加复杂。为了帮助孩子们更好地理解和处理与父母之间的相处之道,我们特别推出了这篇"如何与父母相处"的章节。

　　本篇章将引导孩子们深入探索家庭关系的奥秘,教会他们如何与父母建立更加和谐、亲密的关系。我们将通过生动的案例和互动环节,让孩子们学会倾听父母的心声,理解他们的期望和担忧,同时也学会如何表达自己的情感和需求。

家庭情商 DeepSeek 定义:

　　家庭作为原始情感实验室,其孕育的情商不仅是技术社会的生存技能,更是人类文明延续的基因密码。在 AI 时代,孩子与父母相处时培养的情商是维系人性本质的核心能力。当 AI 接管程式化交流,真实的情感联结成为抵御技术异化的"人性防火墙"——通过亲子之间深度对话建立的共情力、矛盾化解力,正是机器无法复制的竞争优势。

为什么我一玩手机，妈妈就很抓狂

小伙伴们，你们有没有遇到过这样的情景：当你正沉浸在手机的趣味世界中时，妈妈却突然出现在身后，眼神里满是担忧和不满。你是不是心里直犯嘀咕："为什么我一玩手机，妈妈就那么抓狂呢？"

其实，这个问题一直困扰着我们这些"数字小达人"。手机对我们来说，不仅仅是通信工具，更是娱乐、学习、社交的小天地。但妈妈们的反应，总是让我们觉得她们简直是小题大做，令人摸不着头脑。

在这堂课里，我们就来好好探讨一下这个"手机与妈妈"的谜题。站在我们的角度，去理解妈妈们的担忧，同时也分享我们对手机的真实感受和看法。希望通过这次交流，我们能找到和妈妈们沟通的桥梁，让手机成为连接我们与妈妈的纽带，而不是隔阂的源头。

小故事大智慧　**儿子一玩手机，妈妈就很抓狂**

11 岁的程小池，如今已是五年级的学生，他有一个烦恼：妈妈总是严格管控他使用手机的时间。每当他拿起手机，妈妈便是一连串的唠叨。

小池，你又在玩手机！作业做完了吗？这样学习能学好吗？

小池心里明白妈妈的担忧，但有时候还是控制不住自己。

对程小池玩手机这件事，妈妈心里特别焦虑。她觉得，程小池虽然完成了作业，但总是草草了事，只求及格，从不主动去做预习和复习，更别提额外的提高题练习了。而且手机还占据了程小池本该用来与家人交流的时间。以前那个喜欢围着爸爸妈妈转，叽叽喳喳说个不停的程小池，现在一有空就捧着手机，连句话都不愿意多说。

在妈妈看来，程小池真正的"正事"有三件：一是养成良好的学习习惯，每天有计划地预习、复习；二是提高学习成绩，希望程小池能更加努力，多花点时间在提高练习上；三是增进亲子沟通，希望程小池每天能抽出一些时间，和爸爸妈妈分享学校里的趣事，说说自己的感受。

社交小技能

手机和游戏本身不是我们的敌人

我们生活在一个数字时代，手机和游戏早已成为我们生活的一部分。它们不仅仅是娱乐工具，更是我们与朋友交流、分享乐趣的重要平台。

有时候，大人们总会担心我们沉迷手机或游戏，但其实，这并不是手机和游戏的错。就像一把刀，可以用来切菜，也可以用来伤人，关键在于我们如何使用它，手机和游戏也是如此。它们本身并不是洪水猛兽，关键在于我们如何合理地利用它们。

对我来说，玩游戏就像是参加了一场竞技运动，是给自己一个增加多巴胺的机会。所以当我碰到一个能让我兴奋起来的游戏时，我会想真正玩好这个游戏，让自己体验到快乐。游戏结束后，我还会回想一下，这次游戏经历是仅仅带来了短暂的快乐，还是让我有所收获？如果仅仅是短暂的快乐，我会选择偶尔消遣；如果还能增长知识，我会制订计划，更好地规划我的游戏时间。

对我而言，游戏时间就像是我生活中的一道必需品，就像身体需要水果、肉类、蔬菜以及五谷杂粮来保持健康一样。我的大脑也需要各种各样的"营养"：有全神贯注投入的学习，有令人享受的游戏乐趣，有挥洒汗水的运动，有与朋友们亲密交流的温馨，有自由安排、随心所欲的小憩，有静下心来的反思，还有充足睡眠带来的体力与脑力。只有当这些元素在我的生活中达到平衡，我才能保持最佳的状态。因此，我学会了合理规划自己的时间，确保身体、大脑和心灵都能得到充分的滋养。

练一练 ○

玩游戏的时间要自己挣

我觉得，玩游戏的时间应该由我们自己来争取，通过自己努力赢得的游戏时间，玩起来才更有意思。要想多玩一会儿，我们就得自己努力挣时间。那具体怎么做呢？我们可以和爸爸妈妈一起商量，制定一个时间表，通过把时间表上除游戏外的任务都做好来换取或者挣得一定的游戏时间。妈妈总是担心我玩手机太久，其实她不知道，我自己心里也有数。我们可以先做个一周的时间规划，尽量细致，明确每天什么时候做什么事情。这样，妈妈就能知道我们在干吗，心里就踏实了，也就不会老是唠叨我们了。而我们通过自己的努力挣得游戏时间，玩起来也会更从容，会有更好的体验，也能促使我们更好地去执行时间表上的其他任务。

其实那些担心孩子会提出不合理要求的妈妈们真的不必太过忧虑。当孩子们被赋予决策权时就会表现得非常懂事，不会提出过分的要求。就比如我，和妈妈一起制定了一些情绪管理的规则：当我在合理时间使用手机时，如果妈妈唠叨一次，我就会额外赢得两分钟的游戏时间，以此累计；

但如果我无理对妈妈发脾气，那发一次脾气就会被扣掉十分钟的游戏时间，以此累计。这样的规则，既能让我们更好地履行时间表，又能帮助我们更好地控制自己的情绪。

7~8 点：起床，和爸爸妈妈一起吃早饭。

8~9 点：课外阅读。

9~12 点：上自习课。

12~13 点：吃午饭，午休。

13~14 点：玩游戏。

14~16 点：写作业。

16~17 点：吃晚饭。

周六 17 点以后：先上跆拳道课，然后自己安排时间，比如看场电影等。

周日 17 点~20 点 15 分：上学校里的自习课。

AI 加油站

为什么说完全禁止孩子玩手机，是不太可能的事？

手机作为一种工具，它本身并无善恶之分。就像菜刀，可以用来做饭，也

可以是凶器。现在已经是网络和数据的时代，人和人的交流离不开网络，离不开手机。与其视手机为洪水猛兽，不如教孩子学会数字时代的生存技能。我们不妨思考一下：当算法能精准定位知识漏洞，当海量资源可即时调取，手机已经从娱乐终端进化成了私人学习管家。手机里承载的不仅是游戏和各种娱乐短视频，更是课堂内外的百科全书。

尽管如此，2025 年"两会"后，当全国政协委员建议"把手机还给孩子"时，舆论场还是炸开了锅。因为在公众认知中，手机仍是吞噬孩子未来的"黑洞"，但大家却忽视了技术革命的浪潮早已重塑了这场博弈的本质。在人工智能深度介入人们生活的今天，完全禁止孩子使用手机正变得像试图用算盘对抗计算机一样徒劳。

前阵子聚餐，同事带着五年级的儿子，因为怕近视从来不给孩子玩手机。结果我们聊 AI 新进展，那孩子听得云里雾里，眼睛瞪得老大。我家孩子每天能玩半小时手机，现在对 AI 门儿清，什么豆包、KIMI、文心一言，他能掰着手指头给你数哪个反应快、哪个知识多、哪个更适合协助写作文。再说，现在学校作业都在 APP 上，完全不让孩子接触手机，不等于让孩子和现代社会脱节吗？

所以，这场数字防御战的真正战场，不在是否允许使用手机，而在于如何利用好技术。当 AI 能构建个性化的知识图谱，当大数据能预警孩子的学习倦怠，我们需要的不是筑起信息柏林墙，而是教会孩子驾驭数字时代的各种工具。毕竟，未来社会需要的不是远离技术的"纯白少年"，而是能熟练驾驭技术的数字公民。

记住，工具永远在等待它的主人赋予意义。

第 10 课 不小心考砸了，回家怎么说

　　小朋友们一定遇到过这样的情况：考试后看到自己不理想的分数，心里很难过。大家都有过这种情况，就连大人也不例外。重要的是我们得知道怎么面对它，要明白低分并不是终点，只是成长路上的一个暂时停留点。本课旨在帮助孩子们正确面对考试低分，学会从中吸取教训，调整心态，以更加积极的态度迎接下一次的挑战。

小故事大智慧　成绩落后也没关系

因为我的成绩不理想，让爸爸妈妈伤心，我也感到很难过。

但爸爸妈妈没有责怪我，反而告诉我，考不好也没关系！我想振作精神，重新做一个学习计划，把落下的知识都补回来！

学数学要认真计算，学语文要领会词意，学科学要理解原理、掌握规律……所以，要想取得好成绩，一定要踏踏实实把各科的知识点掌握牢固。

社交小技能

如何正确面对考试低分

1. 保持冷静，接受现实

面对低分，不要过度自责或逃避。接受现实，低分只是暂时的，并不代表你的全部。

2. 分析原因，找出不足

仔细分析试卷，找出自己失分的原因。是因为知识点掌握得不牢固，还是考试技巧不足。

3. 制订计划，积极改进

根据分析出的原因，制订详细的学习计划。包括复习薄弱知识点、提高解题技巧、加强时间管理等。

4. 寻求帮助，共同进步

遇到不懂的问题时，不要害怕向他人请教。可以向老师、同学或家长寻求帮助，共同讨论、解决问题。

✏️ 练一练

考砸了，回家怎么说？

方枪枪在这次数学考试中又考砸了，只得了 55 分。他回家后，应该如何与父母沟通呢？

接下来，我打算每天多花些时间复习数学，不懂的地方就问老师或同学。同时，我也会加强计算练习。

有这个态度就对了。只要认真，我们相信你一定能够很快进步的。

AI 加油站

一次考试考砸了不代表你不行

小朋友，知道吗？一次考试考砸了，并不代表我们不行！就像玩游戏输了，不代表我们永远都是输家。一次考试只是个小测试，不是什么大不了的事情。如果觉得难过，那就先休息一下，吃点好吃的，或者向爸爸妈妈求助，想办法让自己开心起来。

然后，我们要勇敢面对失败，找出失败的原因，争取下次做得更好。别灰心，其实，每次失败都是让我们变得更厉害的机会！加油！我们一定可以的！

第 11 课 妈妈为什么偏爱妹妹

　　多子女家庭中有一个显而易见的问题——偏爱。或许你也有过这样的经历：妈妈总是对妹妹更加温柔，为她准备更多的小礼物，或是在她犯错时给予更多的宽容。而相比之下，自己则似乎总是被要求做得更好、更完美。这种感受可能会让我们觉得自己在家庭中的地位被边缘化，甚至怀疑自己的价值和能力。

　　然而，事实的真相往往比我们想象的要复杂得多。妈妈的偏爱可能源于多种因素，包括性格差异、年龄差异、家庭环境等。更重要的是，我们要学会理解妈妈的感受，同时找到与妹妹以及妈妈建立良好关系的方法。

小故事 大智慧　为什么妈妈只对妹妹好

　　小新比妹妹小雨大三岁，从小就是一个懂事、独立的孩子。小雨则是一个活泼可爱、爱撒娇的小女孩。随着年龄的增长，小新渐渐发现，妈妈似乎总是对小雨格外偏爱，这让他心里很不是滋味。

　　我们看到的"偏爱"往往只是表象。爸爸妈妈对子女的爱是深沉而复杂的，他们可能用不同的方式来表达对子女的关爱。我们要学会理解并尊重这种差异，而不是盲目地猜测和嫉妒。同时我们也要学会主动沟通，与爸爸妈妈分享自己的感受和想法，以建立更加亲密和谐的家庭关系。

社交小技能

如何面对妈妈的"偏爱"

1. 主动沟通

如果我们感到妈妈对妹妹更加偏爱，不妨找一个合适的时机，与妈妈进行坦诚的沟通。告诉她我们的感受和困惑，并询问她是否有什么特别的考虑或原因。通过沟通，我们可以更好地理解妈妈的想法，并找到解决问题的方法。

2. 换位思考

试着站在妈妈的角度思考问题。想象一下，如果我们有一个需要更多照顾和关爱的妹妹，我们会怎么做？通过换位思考，我们可以更加理解妈妈的处境和感受，从而减轻自己的嫉妒和不满。

3. 展现自己的优点

每个人都有自己的优点和特长。不要总是纠结于妈妈对妹妹的偏爱，而是努力展现自己的优点和才华。当我们取得好成绩、做出好成绩时，妈妈自然会为我们感到骄傲和自豪。

4. 主动关心妹妹

与其嫉妒妹妹受到的关爱，不如主动关心她、帮助她。当我们展现出对妹妹的关爱和照顾时，妈妈会看到我们的善良和豁达，也会更加欣赏我们。

练一练

学会换位思考

我们认为妈妈更偏爱妹妹，或许仅仅是因为妹妹年纪尚小，需要更多的呵护与关注。我们有这样的想法，源自对妹妹的一丝嫉妒，感觉她似乎得到了比我们更多的温情与爱护。嫉妒，通常源于对他人拥有的渴望，或是对自己失去的恐惧。特别是在面对自己在意的人时，这种情感往往会愈发强烈和鲜明。

或许妈妈在某一阶段就是需要倾注更多的精力在妹妹身上，因为她还在学习生活的基本技能，比如穿衣、吃饭。但这并不意味着妈妈就更偏爱妹妹，因为母爱的深度与广度，绝非我们表面上所看到的那样。当嫉妒的情绪如潮水般涌来，让我们几乎无法自持时，不妨去找妈妈或爸爸聊聊，把我们的感受一股脑儿说出来。他们一定会给我们一个合理的解释和大大的拥抱，让我们沉浸在"在一起"的快乐时光中。

当然，我们也可以试着站在爸爸妈妈的角度去思考问题。爸爸妈妈真的很难做到将爱平均分配给每一个孩子，并确保每个孩子都能真切地感受到。通过这种换位思考，我们将会坚定他们对我们的爱，而让自己快乐健康地成长起来。

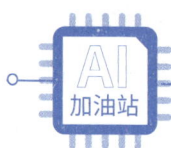

AI 加油站

克服嫉妒的三个小妙招

在日常生活中，不少人在与他人交往的过程中，一旦目睹他人比自己更加优秀或生活得更好时，内心便不由自主地泛起一股酸涩，这便是嫉妒心在作祟。嫉妒之心，人皆有之，然而它却是损耗个人生命力的毒药。因此，我们必须学会克服嫉妒，那么究竟该如何战胜这份嫉妒呢？

首先，自我反省是关键。嫉妒是一种有害的心理状态。当嫉妒的情绪悄然浮现，我们应当深入地反思，探究自己为何会产生嫉妒？嫉妒的根源究竟在哪里？

其次，培养感恩之心是战胜嫉妒的有效途径。学会感恩自己所拥有的一切，而不是一味地羡慕他人所享有的。感恩能让我们更加珍惜眼前，减少对他人的无谓嫉妒。

最后，提升自我是战胜嫉妒的根本方法。我们可以将嫉妒转化为前进的动力，努力学习新的知识与技能，以此来增强自己的信心和成就感。当自己变得足够强大时，嫉妒之心自然会烟消云散。

我最讨厌弟弟了，
他总是给我添乱

在成长的道路上，我们或许都曾有过这样的烦恼：家里有个调皮捣蛋的弟弟，他总是找各种机会来给我们"添堵"。无论是学习、玩耍还是休息，他的身影似乎总是如影随形，带来无尽的困扰。然而，当我们用心去观察和体会便会发现，这些看似捣蛋的行为背后，往往隐藏着弟弟对我们的依赖和友爱。这堂课，我们就来探讨如何正确看待和处理与弟弟之间的这种"爱恨交织"的关系。

小故事大智慧 我的"捣蛋鬼"弟弟

我有个弟弟，简直就是个"捣蛋鬼"，调皮捣蛋到了极点。因为这个特性，我还特意给他起了这么个外号。我极度反感他总是在我旁边捣乱。有好几次，我正专心学英语单词呢，他就在旁边蹦跶个不停，嘴里说个不停，还时不时发出吃东西、喝东西的声响。他这一捣乱，我读的、拼的、背的英语单词全乱了套，错误连连，真是让我烦透了。所以每当我学单词时第一件事就是迅速把门关上，生怕他再闯进来给我添乱。

　　突然，我发现弟弟虽然捣蛋，不过他慷慨大方，一直在默默地关心我，我有一个这样的好弟弟，应该骄傲才对。

如何与捣蛋弟弟建立良好关系

1. 保持耐心

面对弟弟的捣蛋行为，首先要保持冷静和耐心，不要急于发火或指责。

2. 积极沟通

尝试与弟弟进行沟通，了解他的想法和需求，找出他捣蛋的原因，从而有针对性地解决问题。

3. 设立规则

与弟弟一起制定一些行为准则和奖惩机制，让他明白哪些行为是你可以接受的，哪些是你不可以接受的。

4. 共同玩耍

找一些两个人都喜欢的游戏或活动，一起玩耍和互动，增进彼此之间的了解和感情。

5. 表达关爱

通过言语或行动向弟弟表达你的关爱和重视，让他感受到你对他的关心和支持。

练一练

兄弟间的沟通

假设你正在房间里写作业，弟弟突然跑了进来，开始在你的书桌上乱翻东西。这时，你会怎么做？

AI 加油站

讨厌弟弟是一种"病态"心理吗？

讨厌自己的弟弟，从心理学的角度来看，并不一定代表是一种"病态"心理。人的情感会受到环境、性格等多种因素的影响。

有时对弟弟的讨厌可能源于竞争关系，如父母的偏爱，或是弟弟的行为触动了自己的某些敏感点。此外，成长过程中形成的性格特质，如内向、敏感、占有欲强等，也可能导致对弟弟产生不满情绪。

这种情绪若持续存在且影响到个人的日常生活和人际关系，就需要引起注意。建议通过心理咨询等方式，深入了解自己的情感根源，学习如何调整心态、改善与弟弟的关系。

心理学家认为，儿童在成长过程中会形成一种依恋模式，这种模式会影响他们与他人建立关系的方式。对于弟弟来说，他可能通过捣蛋行为来表达对哥哥的依赖和关注。

有效的沟通是建立和谐家庭关系的关键。通过沟通，我们可以更好地理解彼此的想法和需求，从而找到解决问题的方法。

家庭成员之间的情感支持对于个人的成长和发展至关重要。当我们给予弟弟足够的关爱和支持时，他会更加自信、开朗地面对生活。

第13课 爸爸，这个叔叔怪怪的

在我们的成长过程中，学会识别并应对不同的人际交往情境是至关重要的。特别是当我们开始意识到周围世界中的多样性和复杂性时，如何正确理解和判断陌生人的行为，保护自己免受潜在伤害，成了我们必须重视的问题。这堂课，我们将通过一个有趣的小故事，引导大家学会识别"怪怪的"行为，同时培养我们基本的社交技巧和自我保护意识。

小故事大智慧 公园里的怪叔叔

一天，小新和爸爸一起去公园放风筝。公园里人来人往，孩子们欢声笑语，一片欢乐祥和的景象。小新兴奋地拉着风筝线，在爸爸的指导下，风筝越飞越高。

这时一个穿着西装、面带微笑的叔叔走了过来，先是夸奖小新的风筝飞得高，接着便询问是否可以一起玩。小新礼貌地回应，表示想自己玩，但叔叔似乎并不打算离开。

社交小技能

遇到"怪叔叔"，应该怎么做？

1. 礼貌回应

遇到陌生人时，可以礼貌地回应他们的问候，但避免透露过多个人信息。

2. 寻求大人帮助

如果陌生人提出不合理要求或让我们感到不舒服，立即寻找身边的警察叔叔寻求帮助。

3. 信任直觉

相信直觉，感觉不安全或不对劲应尽快离开。

练一练

不要给陌生人开门

在成长的过程中，提升自我保护意识是至关重要的，尤其是当我们首次面对并需独立处理潜在的危险情境时。这种能力并非仅凭运气、直觉或是模糊的线索所能完全依赖，而是需要我通过学习和实践来逐步掌握。我们需要意识到，当遇到陌生人时，首先应该冷静，然后及时联系家长或拨打报警电话并利用周围的环境来做出判断。

AI
加油站

学会辨别危险

首先，我们要明白什么是陌生人。陌生人就像我们在路上、公园或者商店里遇到的那些我们不认识的叔叔阿姨和哥哥姐姐。他们可能看起来很友好，但有些陌生人可能会做出危险的行为，所以我们得学会辨别。

如果一个陌生人试图接近我们，比如问我们父母的联系方式，或者让我们跟他走，这时候就得警惕起来。我们要保持冷静，尽量记住这个人的外貌特征。同时，我们要尽快离开这个地方，寻找我们所认识的人或者专有职业的人，比如老师、家长或者警察叔叔等。

另外，我们还要学会记住家人的联系方式。这样，在遇到危险的时候，我们就可以用别人的手机或者公共电话来寻求帮助。

最重要的是，我们要相信自己的直觉和判断力。如果我们觉得某个情况或者某个人让我们感到不舒服，那就勇敢地说"不"并迅速离开。安全是最重要的，我们每个人都要学会保护自己，做自己的小英雄！

是不是男生都喜欢打架

喜欢打斗与竞争，仿佛是男孩们与生俱来的天性。只要两个小男孩聚在一起，他们总是热衷于比试各种项目：谁跑得更快，谁的奥特曼卡片更多，谁的力气更大，他们热爱"动手"，即便是在玩耍的过程中，也常常会演变成一场场"小打小闹"。

所以我们时常会听到这样的言论："男孩子天生就喜欢打架。"这样的说法是否准确？是否真的所有男生都倾向于暴力行为？为了解开这个谜团，我们需要从生物学的角度深入了解男性的生理特征，同时结合社会文化的因素，全面了解男孩子行为背后的原因。

小故事大智慧　家有男生爱打架

小强是一个活泼好动的男孩，从小就喜欢和朋友们一起奔跑嬉戏，

　　所以经常因为争夺玩具而和小伙伴们发生争执，甚至偶尔还会有肢体冲突。小强的妈妈总是担心他将来会变成一个爱打架的孩子。

　　我们不能简单地将男孩子与爱打架画等号。虽然男孩子在成长过程中可能会表现出一些攻击性行为，但这并不意味着他们都喜欢打架。实际上，通过教育和引导，男孩子可以学会更加成熟和理智地处理冲突，展现出温柔、理性的一面。

社交小技能

男孩们的打斗竞争思维

1. 设定规则

在与男孩交往时，可以设定一些基本的行为规则，如不打人、不骂人等，让他们明白哪些行为是可以接受的，哪些是不可容忍的。

2. 鼓励合作

通过团队游戏或活动，鼓励男孩学会与他人合作，共同完成任务。这有助于培养他们的团队精神和沟通能力。

3. 引导竞争

竞争并非坏事，关键在于如何引导。可以鼓励男孩在比赛中寻找自己的不足，学习他人的优点，而不是过分关注输赢。

4. 情绪管理

教会男孩识别和管理自己的情绪，让他们学会在冲突中保持冷静，用理性的方式解决问题。

练一练

男孩就是喜欢冒险

男孩喜欢冒险是远古时代就留在祖先身体里的基因。

在那个时代，为了族群的生存和延续，男性成员需远行至陌生地域狩猎。只有勇于冒险者方能胜任这一艰巨且危险的任务，因此，从那时起，冒险精神便深深烙在男人的基因之中。

然而，如今社会已无须男人去野外狩猎，他们那份对冒险的热爱与天赋难以找到施展的舞台，所以常会给人留下喜爱打斗的印象。

AI
加油站

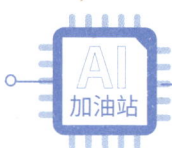

男孩子与生俱来的雄性激素

1. 睾丸素与男性行为

睾丸素是一种男性激素，对男性的生长发育和行为特征起着重要作用。研究表明，睾丸素可以影响男性的攻击性、竞争性和冒险精神等特征。然而，这并不意味着所有男性都会表现出这些特征。实际上，男性的行为受到多种因素的影响，包括遗传、环境、教育等。因此我们不能简单地将男性与攻击性画等号。

2. 社会文化与男性行为

除了生物学因素外，社会文化也对男性的行为产生重要影响。在一些文化中，男性被期望表现出勇敢、坚强和竞争性的特征，这可能导致一些男性在面临冲突时更倾向于使用暴力解决问题。然而，随着社会的进步和观念的改变，越来越多的男性开始意识到暴力不是解决问题的最佳方式，而是选择更加理性和和平的方式来解决冲突。

成为"超级"合作者

导语 ⌄

　　你是否注意到，有些孩子无论何事总想独占鳌头，对朋友颐指气使，一旦意见不合便怒气冲冲，导致友谊的小船说翻就翻？在家庭内部也不例外，比如一对姐妹，姐姐事事争强好胜，经常让妹妹心生委屈。面对这样的场景，家长们不禁忧虑：如何在保持孩子进取心的同时，培养他们成为懂得尊重、善于合作的"超级"合作者？

与同伴相处的情商 DeepSeek 定义

　　在 AI 时代，孩子与同伴相处的情商是构建"超智能协作"的核心资本。当算法接管标准化任务，人类独有的情绪协调能力成为高阶合作的关键——能敏锐捕捉同伴的非语言信号、在冲突中创造性斡旋、建立基于信任的弹性关系网络，这些正是机器无法模拟的竞争力。研究显示，具备高情商的青少年团队在解决开放式问题时，方案创新性比纯 AI 组高 53%。面对人机共生的未来，这种在真实互动中磨砺的共情力、情绪感染力和群体智慧激发力，既是驾驭 AI 协作的底层操作系统，更是避免人类沦为"技术附庸"的进化护甲。

第15课 小伙伴为什么不和我玩

——"妈妈，他们不和我玩！"

——"这是我的玩具，我想让谁玩就让谁玩！"

在孩子扎堆的地方，总能听到类似的对话。

当我们遭遇社交排斥时，很多家长会认为这是孩子成长过程中的必经之路，认为他们还小，社交能力和经验不足，长大自然就懂了。然而即便是孩子，被拒绝也是一种深刻的伤害，它会让孩子感受到强烈的孤独感和自卑感。

社交能力并非天生，而是需要后天培养和锻炼的。孔子曾说："己所不欲，勿施于人。"这句话不仅适用于成人世界，更是孩子社交能力的基石。

小新的烦恼

　　小新是一个活泼可爱的男孩，但他特别喜欢独占玩具，不愿意和小伙伴们分享。一天，小新带着自己最喜欢的遥控小汽车来到公园，当其他孩子看到小新的遥控小汽车时，都兴奋地围了上来想要一起玩。小新却紧紧抱住遥控小汽车大声说道："这是我的玩具，我想让谁玩就让谁玩！"小朋友们听了，都失望地散开了。

　　在孩子被拒绝时，很多家长会在第一时间出面干预，强行让其他孩子接纳自己的孩子。

　　这样的做法虽然暂时解决了问题，但并不能真正帮到孩子，家长们应该引导孩子发现问题出现的原因并告知正确的解决办法。

社交小技能

被拒绝后如何重拾自信？

1. 学会分享

分享是建立友谊的桥梁。当我们愿意和别人分享自己的玩具、食物或快乐时，别人也会愿意和我们分享他们的物品。

2. 尊重他人

每个人都有自己的喜好和想法，我们要学会尊重别人的选择，不要强迫别人做他们不喜欢的事情。

3. 倾听与表达

良好的沟通是良好社交的关键。当你遇到问题时，要学会倾听别人的意见，同时也要勇敢地表达自己的想法和感受。

4. 主动融入

当我们发现自己被孤立时，不要害怕或逃避，而是要主动融入集体，积极参与活动，展现自己的友好和热情。

练一练

学会做一个分享者

角色扮演

我们扮演不同的角色，如"分享者""被拒绝者"和"接受者"，通过角色扮演来体验不同的感受，从而学会换位思考。

分享时刻

每天设定一个"分享时刻"，在这个时间段内我们和朋友分享自己的玩具、故事或食物，培养分享意识。

解决冲突

当发生矛盾的时候，要用"我"来表达自己的感受，而不是一味指责对方，从而学会用积极的方式解决问题。

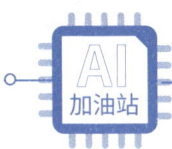

AI
加油站

“恕”的智慧

　　“恕”是孔子提出的一个重要概念，它强调推己及人，尊重他人，平等待人，设身处地为他人着想。在我们的社交教育中，“恕”的智慧尤为重要。通过培养我们的同理心，让我们学会站在别人的角度思考问题，从而更加宽容和理解他人，也避免了过度内耗。

　　此外，我们还可以通过阅读、游戏和日常生活中的小事，潜移默化地培养自己的“恕”心。比如，在阅读绘本时，关注角色的情感变化；在玩游戏时，选择合作而非竞争；在日常生活中，实践如何尊重他人、理解他人。

第 16 课　我要改掉打断别人说话的毛病

在人际交往中，倾听是一种重要的能力，它不仅能够让我们更好地理解他人的想法和感受，还能展现出我们善于尊重别人和有礼貌的素养。然而有些孩子却常常在他人讲话时打断别人的话，这种行为不仅会打断对方的思路，还可能会让对方感到不被尊重，甚至影响彼此之间的关系。这堂课，我们将一起探讨如何改掉打断别人说话的毛病，学会耐心倾听，让我们与人交流更加顺畅、和谐。

小故事大智慧　小新的嘴是火山

小新有个不太好的习惯，总是迫不及待地想和别人分享他的每一个想法，那些想法对他来说犹如珍宝般重要，也不管别人是否有空听他分享。每当他心中有所感、有所想，它们就在他脑子里翻涌，像是被沸水激荡，"咕嘟、咕嘟"地冒着泡，急不可耐地要在他的舌尖上跳跃。这股力量在他即将爆发的那一刻，仿佛推动着他的舌头，让他的嘴巴变成了一座即将喷发的火山，迫不及待地要打断别人说话。他自己也知道不好，但总是控制不住自己。

对于小新来说，大人要尊重他的表现能力并给予认同，找机会了解他背后的动机和需求，倾听他的想法，想办法给他提供专属个人舞台让他展现自己。

另外告诉孩子各种场合的规则，什么时候可以自信表达，让孩子能在适宜的场合和时机充分发挥自己的优势，增强自信心。

社交小技能

学会倾听很重要

1. 树立倾听意识

改掉打断别人说话的习惯，首先要从我们内心树立起倾听他人的意识。每当我们想要打断别人说话时，提醒自己先深呼吸，给自己一个短暂的等待，思考一下对方的话是否结束，或者是否可以通过非言语的方式（如点头、微笑）表达自己的关注和认同。

2. 使用"等待信号"

在与他人交谈时，可以约定一些"等待信号"，比如举手示意想要发言，或者简单地说一句"我稍后再说"，这样既能表达自己迫切的表达意愿，又不会打断对方。

3. 练习同理心

尝试站在对方的角度思考问题，想象如果自己正在讲述一个重要的事情，被频繁打断会是怎样的感受。通过培养同理心，我们能更有耐心倾听他人发言，也能更加自然地学会尊重他人。

练一练

学会倾听别人讲话

日记反思

每天记录一次成功克制自己插嘴的经历，以及当时的感受。同时，也记录一次未能做到的情况，分析原因，并思考下次如何改进。

AI 加油站

孩子为什么喜欢打断别人说话？

渴望关注

孩子可能通过打断别人说话来吸引他人的注意，希望得到更多的关注和认可。

表达欲强

有些孩子天生语言能力强，思维活跃，易急于表达自己的观点。

缺乏耐心

在快节奏的生活中，孩子们可能习惯了即时的满足，且家庭环境也给予了他们这样的条件，因此当与别人相处时，也不愿等待，希望可以随心所欲地发言，想到什么就要即时表达。

社交技巧不足

对于如何礼貌地参与多人对话，孩子可能缺乏必要的社交技巧和规则意识。

第17课 用幽默来化解与小伙伴的矛盾

在人生的旅途中，我们会遇到很多人，其中不乏那些与我们共度欢笑与泪水的朋友。然而即便是最亲密的伙伴之间也难免会因为误解、意见不合或是小小的误会而产生矛盾。面对这些，有人选择沉默逃避，有人则让情绪升级导致关系紧张。但有一种神奇的力量，它既能轻松化解尴尬，又能加深彼此的理解与友谊，那就是幽默！幽默能够治愈人际交往中的小伤痕，让我们的关系更加坚固。这堂课，就让我们一起用幽默来化解与小伙伴之间的矛盾，让友谊的小船在欢笑中扬帆远航。

小故事大智慧 双胞胎雨伞失踪案

小新和琪原是形影不离的好朋友。一天放学后，天空突然下起了大雨。

　　幽默不仅能缓解紧张气氛，还能引导我们从另一个角度看待问题，从而找到解决问题的办法。在这个故事中，幽默的话语不仅让一场可能的争执化为虚惊一场，还加深了朋友间的理解和信任。

社交小技能

学会用自嘲缓解气氛

　　自嘲是指以一种轻松幽默的方式调侃自己，用一种轻松的态度面对自己的不足，展现个人的自信与智慧，在社交场合中起到调节气氛的作用，从而拉近与他人的距离。

所以当我们发现自己处于尴尬境地时，不妨用自嘲的方式化解。比如，不小心撞到了朋友，可以说："看来我今天的导航系统又出故障了，直接导航到你怀里了！"

另外，用夸张的手法描述情况，也可以活跃气氛，拉近彼此的距离。比如，发现朋友穿了和自己相似的衣服，可以笑着说："哇，我们这是要组成'撞衫双胞胎'组合出道吗？"

所以说，在矛盾发生时，尝试找到双方都能认同的幽默点，以此作为桥梁，拉近彼此的距离，增进感情。

练一练

用幽默化解误会

通过这样幽默的对话，小新不仅表达了自己的感受，还指出了误会所在，也表达了对小李好意的感激，有效避免了矛盾的升级。

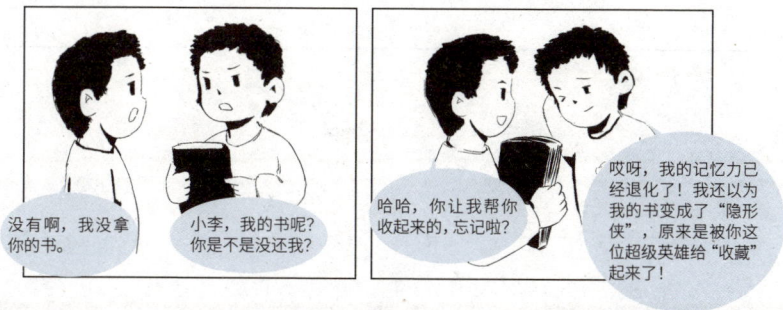

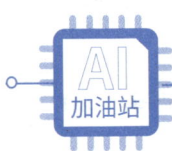

AI 加油站

幽默心理学

研究表明，幽默能够降低人的应激反应，减轻焦虑和压力，促进心理健康。在人际交往中，幽默还能增强个人魅力，提升社交能力。

幽默的时机

虽然幽默是化解矛盾的利器，但也要注意使用的时机和方式。在对方情绪极度低落或敏感时，过于直接的幽默可能会适得其反，应更加谨慎。

培养幽默感

幽默感并非天生，可以通过观察生活中的趣事、阅读幽默故事、参加喜剧表演等方式逐渐培养。保持乐观的心态，是拥有幽默感的基础。

总之，幽默是人际交往中的一门艺术，它能在不经意间化解矛盾，增进友谊。当我们学会用幽默的眼光看待生活中的小插曲时，会发现世界变得更加美好和有趣。让我们在欢笑中成长，用幽默的力量守护每一份珍贵的友谊。

第18课 到别人家做客，我总是爱乱翻东西怎么办

　　小朋友，我们是不是经常去朋友家做客呢？做客不仅是我们展示个人修养的机会，也是加深彼此了解和友谊的桥梁。然而有些人可能会在不经意间犯下一个小错误——到别人家做客时不自觉地乱翻东西。这种行为虽然可能出于好奇或无意，但往往会让人感到不适，甚至影响双方的关系。那么，如何克服这一不良习惯，成为一位受欢迎的客人呢？这堂课将从多个角度提供实用的建议和指导。

小故事
大智慧

到别人家做客，总是忍不住乱翻东西

欢迎来到我家，大家随便坐吧！

哇，这么多书和玩具，我一定要好好看看！

大家玩得开心吗？要不要喝点饮料？

社交小技能

到别人家做客要知道的三个礼仪

1. 提前了解规矩

在前往别人家之前，可以通过电话或信息询问主人是否有特别需要注意的事项，这样可以在心中提前设立界限。

2. 保持适度好奇心

对主人的家庭环境保持适度的好奇是人之常情，但应控制在礼貌的范围内，避免过度探索私人区域或物品。

3. 主动询问

如果对某样物品感兴趣，不妨直接、礼貌地向主人提出查看的请求，等待并尊重对方的回应。

练一练

一次愉快的做客体验

哇，这本书的封面好有趣，是讲什么的呢？

哈哈，这是关于古代文明的，我特别喜欢。你可以拿去看看。

今天在小刚家做客，我对他的书籍和装饰品特别好奇。通过和小刚的沟通，我不仅了解到了更多关于这些物品的故事，还借到了我一直想读的书。真是一次愉快的做客体验！

AI加油站

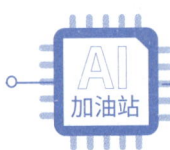

这是好奇心在作怪吗？

心理学视角

小孩都有强烈的好奇心，对新鲜事物充满探索欲，这是正常的生理现象。我们可能会因为对周围环境的好奇而频繁探索，或者翻动感兴趣的物品以了解其功能和特性。当然，乱翻东西的行为有时可能源于内心的不安全感或对新环境的过度探索欲。了解这些心理机制，有助于我们更好地自我觉察和控制行为。

文化差异

不同国家和地区对于做客的礼仪有着不同的理解和要求。比如在英国，如果是正式宴请，座位都会事先安排好，而且桌子上会有名字卡片，我们只需要对号入座可以了。入座之后，一定要等主人先动手去拿餐巾。如果受邀到韩国人家里吃饭，一定要记住，进门之前要脱鞋。如果我们有机会和加拿大因纽特人坐在一起吃饭的话，饭后打个饱嗝会让主人很开心，因为这会被视为另一种形式的感谢。

儿童教育

从小培养孩子的做客礼仪，包括不乱翻东西，对于其未来社交能力的发展至关重要。可以通过阅读相关书籍、家长引导等方式进行学习。

培养"边界感"，
别让"天性"成为失礼
的借口

在公共场所，很多人都曾遭遇过"熊孩子"的困扰。他们或许在电影院大声喧哗，或许在餐厅四处奔跑，让人不能享受片刻宁静。然而当试图与孩子的父母沟通时，却常常听到"孩子天性就这样，你忍忍不就行了"的回应。这不仅仅是对他人权益的忽视，更是孩子边界感缺失的直观体现。边界感，这一看似抽象的概念，实则是一个人懂规矩、有分寸的基石，对孩子的社交能力和未来人格发展至关重要。

小故事大智慧 **电影院里的"熊孩子"**

许多家长以"天性"为由，忽视了对孩子边界感的培养。实际上，边界感不仅关乎对他人的尊重，更是我们未来社交能力的基石。若不及时纠正，我们可能因缺乏自我控制和共情能力，在人际交往中屡屡受挫。

社交小技能

三个小方法，树立孩子的"边界感"

1. 设立规则

从孩子三岁起，家长就应开始设立明确的规则，如"在公共场所要保持安静""不能随意打扰他人"等。规则一旦设立，就要坚持执行，保持一致性。

2. 情感引导

通过情感引导，帮助孩子理解他人的感受。比如，当孩子在公共场所大声喧哗时，家长可以温柔地提醒他们："你这样做，别人会感到不舒服哦。"

3. 以身作则

家长是孩子最好的榜样。在日常生活中，家长应展现出良好的边界感，如遵守交通规则、尊重他人隐私等，让孩子在潜移默化中学会尊重与理解他人。

练一练

餐桌上的规矩

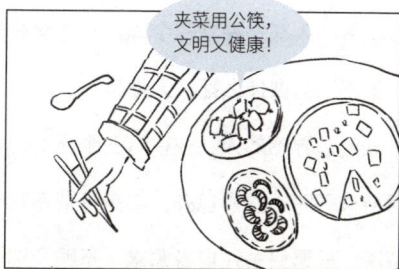

首先，我们吃饭时不要吧唧嘴，也不要大声喧哗，这样会影响大家的用餐心情。安静地咀嚼食物，细嚼慢咽，不仅有助于消化，还能让用餐变得更优雅。

其次，使用公筷也很重要。公筷是用来夹取公共盘子里的菜肴的，这样可以避免病菌的传播，保证大家的健康。使用公筷时，要轻轻夹取适量的菜肴，不要随意翻动菜肴，也不要将公筷随意乱放。用完公筷后，要将它放回原位，不要和自己的筷子混淆。

总之，我们在餐桌上要养成良好的礼仪习惯，不仅能让自己的形象更好，也能让用餐氛围更加和谐愉快。

AI 加油站

为什么边界感模糊会带来人际关系的烦恼？

边界感是人们在人际交往中的那条不可逾越的红线，是人际交往的原则和底线。每个人都是独立的个体，心里都藏着自己的想法，都不喜欢被管束得太多，更不乐意做什么都被人指指点点。

缺乏边界感的人，往往有三个显著的特点：一是总爱伸出援手，尤其父母在对待孩子时，总爱包办；二是特别喜欢给人出谋划策，恨不得替人把所有难题解决；三是只关注自身需求，不顾及别人的感受，在各种场合为所欲为。

不仅成年人之间需要保持适当的距离，孩子们在交往中也同样需要。

那些不懂得为自己设立边界的人，往往会成为他人随意摆弄的棋子。而那些不懂得尊重他人边界的人，则会肆无忌惮地闯入他人的世界，对他人的生活指手画脚，仿佛自己是主宰一切的神。

第 20 课 损坏别人东西要主动赔偿

孩子的世界充满了纯真与好奇，在探索与玩耍中，难免会遇到一些小意外，比如不小心弄坏了朋友的玩具。这些看似微不足道的小事，实则是我们学习责任感、同理心和沟通技巧的重要契机。这堂课将以一次春游中的小故事为引子，探讨当我们无意损坏他人物品时，是否应该主动赔偿，以及这背后的教育意义。

我们在错误面前要勇于承担责任！

小故事大智慧　郊游发生了小意外

赔偿不仅仅是对物质损失的补偿，更重要的是，它教会我们如何在错误面前勇于承担责任，同时也让被伤害者感受到被尊重和理解，学会维护自己的权益。

社交小技能

当损坏别人的东西，该怎么做"？

如果损坏的玩具价值较高，作为家长，赔偿是理所当然的；而如果价值相对较低，对方家长往往会出于孩子们之间的友情考虑，主动表示不需要赔偿。这种处理方式在很大程度上体现了"人情世故"。然而这样的处理方式真的就是最佳的吗？以下有三个小技巧，大家不妨试试看：

1. 承担责任

当我们犯错时，认识到错误并主动提出解决方案，比如赔偿或帮助修复损坏的物品。

2. 尊重与理解

我们要尊重他人的感受和财产，同时也要理解每个人都有犯错的时候，重要的是如何从中学习和成长。

3. 积极修复关系

当我们做出赔偿后，还要通过积极的方式修复受损的关系，如赠送礼物或共同参与活动，增进友谊。

制订赔偿计划

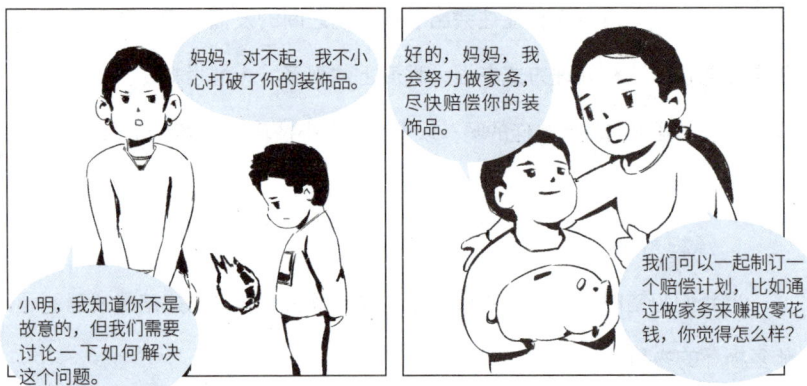

从小培养物权意识

从小培养物权意识至关重要。我们通过日常互动，学会区分"我的"和"别人的"，尊重他人的物品，同时勇敢维护自己的所有权。当我们与别人玩耍时要设定规则，要征求别人同意后再借用别人玩具。当我们理解并实践这些原则时，不仅能减少冲突，还能促进社交技能的发展，为我们成为一个有责任感、懂尊重的社会成员打下坚实基础。

每一次冲突和错误都是学习和成长的宝贵机会，让我们在实践中学会承担责任、表达自我、理解他人，从而培养出更加健康、自信和有责任感的人格。

通过以上的方法，我们不仅能解决眼前的冲突，更能为我们的长远发展奠定坚实的基础。

第 21 课　面对情绪焦虑，用三个关键词来破解

在成长道路上，我们总会遇到各种挑战和困难，无论是学习上还是人际交往中，抑或是家庭生活里，都可能让我们感到焦虑、紧张、沮丧甚至愤怒。然而情绪波动是成长过程中的正常反应，关键在于我们如何学会调节这些情绪，让自己保持积极向上的心态。这堂课将通过三个简单而实用的心理学小妙招，帮助我们化消极为积极，自信乐观地面对生活中的每个挑战。

小故事大智慧　回收烦恼，出售快乐的"解忧杂货店"

五年级八班的"解忧杂货店"已经开业很长时间了，那里回收烦恼，出售快乐。有烦恼的孩子会把烦恼写成书信，通过邮递箱投递进去，第二天就会收到店长爷爷风趣幽默、细致入微的回信。今天的小故事让我们跟着杂货铺营业员，一起去揭开“解忧杂货铺”的神秘面纱。

在今天班会课上的分享环节，陈奕安和祝之兮将自己的“信件”逐一展示，一边读着，一边与大家交流沟通。

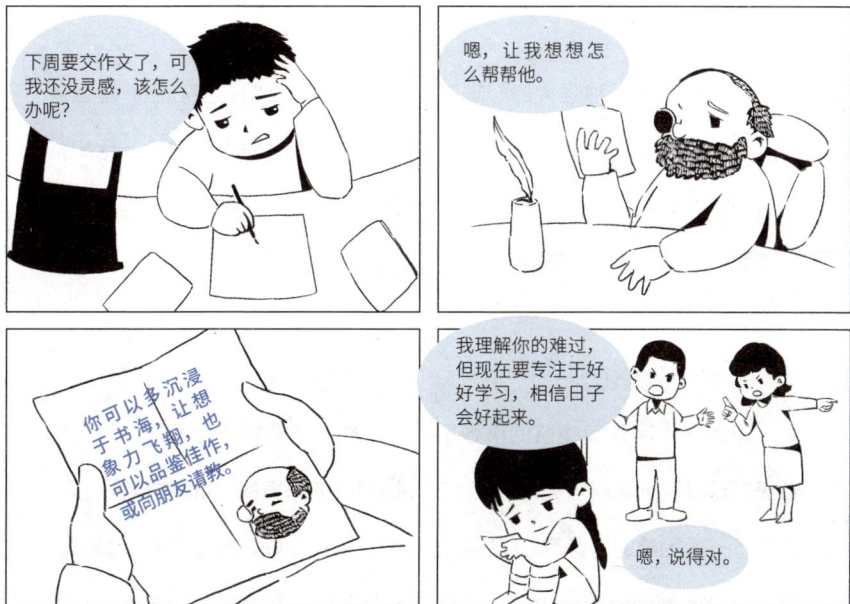

在“解忧杂货店”的帮助下，陈奕安找到了写作的灵感，祝之兮也学会了面对家庭的困境，让自己把注意力放在学习上，试着理解父母。那里，是每个人心灵的港湾。

如果消极情绪如同顽固的阴霾，难以自行排解，我们可以尝试写情绪日记，将内心最真实的感受记录下来；亦可以多投身于运动之中，让身体分泌出快乐的元素；还可以多翻阅那些与情绪相关的书籍，试着与情绪握手言和。

调节情绪的三个小妙招

1. 积极心理暗示

心理暗示是一种强大的心理工具，能够帮助我们调整心态，增强自信。当我们感到焦虑时，可以尝试给自己一些积极的心理暗示，比如："我一定能成功""我一定能考好"。给予自己正向的心理暗示的同时，也不要忘了反思自己的不足，并寻找改进的方法。

2. 好运储蓄罐

还有一个收集幸福感的小妙招——制作一个"好运储蓄罐"。我们每天都可以写下自己当天的"小确幸"，比如被老师表扬、和同学愉快玩耍、完成了一项困难的任务等。然后把这些小纸条折叠好，放进"好运储蓄罐"里。每当遇到困难或焦虑时，可以打开储蓄罐，看看里面的纸条，从中汲取力量和勇气。

3. 心理复原力

心理复原力是指我们在面对逆境、压力、挫折等消极生活事件时，能够迅速恢复并适应的能力。要想在成长的道路上走得更远，就必须学会培养自己的心理复原力。这包括接受自己的不完美、悦纳自己、面对困难时保持冷静和乐观、寻找解决问题的方法等。

练一练

制作"好运储蓄罐"

现在，让我们来一起练习这三个小妙招吧!

> 我能够克服这个困难!

> 我值得拥有更好的未来!

积极心理暗示练习

在令我们感到焦虑或不安的情境，给自己一些积极的心理暗示。

> 特制猫猫好运储蓄罐!

> 对呀! 好运也要好好地珍惜才对啊!

心理复原力训练

请思考一个我们曾经遇到过的困难或挫折。然后尝试用积极的心态去面对它，找出解决问题的方法。

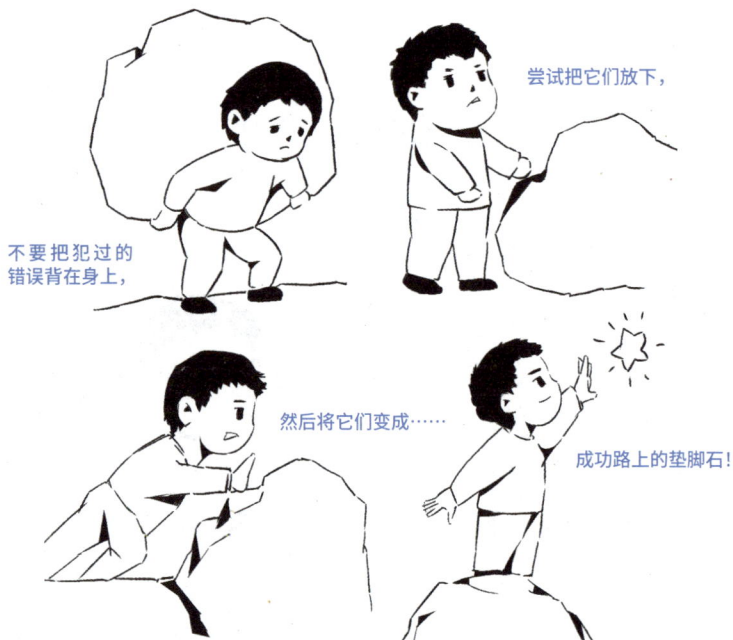

不要把犯过的错误背在身上，

尝试把它们放下，

然后将它们变成……

成功路上的垫脚石！

AI 加油站

积极心理学可不是心灵鸡汤

很多人常将积极心理学误解为心灵鸡汤，但这两者之间存在着本质区别。心灵鸡汤是对人益处不大的精神添加剂；但积极心理学是严谨的科学，它每一项结论都基于深入的科学实证研究，并经受住了时间和文化的考验。

积极心理学专注于研究人类的积极力量和美德，致力于挖掘人类的优点和潜能，并帮助人们发现并利用自身的内在资源，从而创造更加美好的生活。

心理暗示是一种通过语言、行为或环境等方式来影响个体心理活动的心理现象。积极心理暗示可以激发个体的潜能和动力，实现自我超越。

心理复原力是指个体在面对逆境、压力、挫折等消极生活事件时能够迅速恢复并适应的能力。它是个体心理健康的重要组成部分，也是个体成功应对挑战的关键因素之一。

通过今天的课程，我们学会了用三个关键词来破解情绪焦虑——积极心理暗示、好运储蓄罐和心理复原力。希望这些方法能够帮助孩子们在面对困难时保持积极向上的心态，勇敢地迎接生活中的每一个挑战！

某一天的晚饭后，元宝同学满怀热情地来找我聊天："妈咪，我同学说，他是一个高情商的人。"

我心里暗自好笑：这么小的孩子，就已经开始谈论高情商了。于是我饶有兴趣地笑着问他："是他自己这么说的吗？那他做了什么事情，让他觉得自己情商高呢？"

元宝一脸平静地回答："他说，因为他有女朋友了。他是在玩游戏时认识了一个同样喜欢玩游戏的女朋友，他认为有女朋友的人就是高情商。"（我猜他是觉得自己在人际交往方面挺出色的。）

这个话题有点敏感啊！我还在琢磨着怎么委婉地告诉他，高情商和有没有女朋友并没有直接关系……

没想到，元宝已经用疑惑的语气再次向我发问："有女朋友就真的是高情商吗？"

我忍不住放声大笑，趁机说道："当然不是啦，怎么可能呢……情商和有没有女朋友可没什么太大关系。"

元宝果然露出了惊讶的表情，追问道："那到底什么是高情商呢？"

我依旧笑个不停，回答说："你是不是也听说过，会说话的人就是高情商这种说法？"

元宝连连点头："是啊，是啊，大家都是这么说的，我同学也很会说话，难道不是吗？"

我笑着解释道："能够清楚地表达自己的想法和感受，只是情商的一小部分。其实，情商还包括其他许多更重要的特点呢。"

元宝眼睛立刻亮了起来，兴致勃勃地追问："是什么特点呢？"

我接着说："在我看来，高情商一个更为重要的特点是：能够理解他人。

"这是什么意思呢？怎样才算是能够理解他人呢？

"就是当别人感到伤心或委屈时，你能够察觉或感受到别人的这种情绪，当别人生气或愤怒时，你能够知道对方生气了，并且如果当时你在场，还能明白他为何生气愤怒。

"这还包括沮丧、害怕、高兴等情绪，就是能够感知并理解别人的内心感受。

"因此，能够看出别人的情绪，能够明白别人这种情绪背后的原因，能够理解别人为何做出某种行为，才能做出让彼此都感到舒服的回应。"

元宝听后一脸恍然大悟的表情："原来是这样啊，但是很多人都以为会说话才是高情商。"

我点点头："确实也有这一方面，但是会说话的前提是要把话说到别人的心坎里，让别人觉得你懂他。

"那么这个'懂'是怎么来的呢？它就是来自理解。有了理解才会有共情，才能感受到对方的情绪，对方才会觉得你懂他。

"这种会观察、能理解，并且能够了解自己、懂得别人的状态，就是高情商的表现了。

"所以高情商的人不仅能够理解他人，也同样能理解自己，能够觉察到自己的感受，并且知道如何好好地爱自己以及尊重别人。"

元宝高兴地点点头说："噢，原来是这样，那我同学在理解别人方面也挺好的，应该也算是高情商吧。"

我笑眯眯地点点头："你说是那就是了，毕竟你更了解你的朋友。"

我微笑着看着元宝说："对了，我突然想起了你小时候的一些事情。"

他好奇地问道："什么事情呀？"

我问道："你还记不记得，有一次你同学在班级里被老师惩罚了，回来后你跟我讲了这件事。

"当时你还对我说：'我觉得这样不好，不应该在班上罚他，这样我同学会很丢脸的。'

"那时候，你就已经理解和共情了你的同学。"

元宝高兴地问道："那这是高情商的表现吗？"

我肯定地回答："我认为是的。而且，你还说了这样一句话：'老师可能小时候也被她老师这么惩罚过，所以她才会学到这样的方法。'

"那时候，你同时在理解你的老师，在进行换位思考，这就是理解他人。"

元宝恍然大悟地点点头，表示明白了。

我接着说："你还在幼儿园的时候，有一次听说小舅妈去上班了，所以表弟是外婆在带。当时你还哭着说：'那他想妈妈了怎么办？'这也是一种理解和共情。"

元宝有些不好意思，但又很高兴，于是腼腆地笑着说："我哭了吗？那我是能够理解弟弟和妹妹没有妈妈陪着会很难过，对吗？"

我点点头说："是的！"

妈妈，什么是高情商呀？

高情商就是：永远不要说任何人的坏话，我们的每一句坏话，将来都会变成自己的绊脚石，最终绊到自己。

高情商就是：会拒绝、会赞美、会表扬、会选择。

高情商就是：别人自嘲可以，但我们千万别去附和，在开口说话前，要先思考三秒。

高情商就是：假如我们打心里不喜欢一个人，既不要说出来，也不要放在心里。

妈妈, 什么是高情商呀?

高情商就是: 我们和别人聊天时, 不知道说什么的时候, 就聊吃的。

高情商就是: 别人骂人, 不要附和; 别人夸我们, 笑笑就好, 不要太当真。

高情商就是: 除了父母, 不要对别人炫耀自己的优点, 也不暴露自己的缺点和隐私。

高情商就是: 别人不想说的不要去追问, 尊重别人的隐私, 不令人难堪和尴尬。

高情商就是: 充满正能量, 会赞美别人, 别人努力学习知识时, 我们支持他, 并为他加油。

AI 时代，让孩子用自己的方式发光

在《高情商，AI 抢不走的少年力》这本书终于完稿的那一天，恰逢儿子元宝的期中考试成绩揭晓。他的语文和英语成绩跻身班级前十，这对于一向对学习持有"松弛感"的元宝而言，无疑是一个让家人都觉得还算满意的成绩。数学虽然排在班级第十五，但元宝却以轻松的口吻说道："没事，妈妈，后面还有三十多位同学呢。"面对这样的成绩，我们也会有些许的焦虑感，于是，私下与数学老师沟通，老师的回复更是让我哭笑不得："元宝上课可轻松啦，那种感觉，好像他就是全班第一。"

作为母亲，我心中虽有些许遗憾，却也欣慰于他在面对学习挫折时的自我安慰能力，这份乐观与自我调适，让他远离了抑郁的阴霾。

回想起前几日与闺蜜的聚餐，席间一位朋友对初二女儿的严格要求引发了我们的深思。这位母亲十分优秀，孩子在学校也表现出色，但过度的焦虑与压力却让孩子产生了身体上的应激反应，如偏头疼、呕吐等，而医院也无法查出明确的病因。这不禁让我感慨，即便是成绩优异的孩子，在"内卷"严重的社会环境下，也难免被这股无形的力量所裹挟。

　　在此背景下，我更加坚信书中强调的"松弛感"与幽默、有趣的生活方式对于孩子成长的重要性。在当下这个被"卷"字笼罩的社会，许多"10 后"的孩子也不由自主地陷入了这场无休止的竞争。然而，从长远来看，这种过度的竞争与压力对孩子的成长会造成巨大的伤害。

　　因此，我恳请那些在"卷"的道路上奋力前行的爸爸妈妈们，不妨暂时停下脚步，享受一下片刻的宁静与人生的美好。

　　步入 AI 时代，我的儿子元宝借助 AI 工具，在短短 3 分钟内便可创作出一篇英文文章 *My City*。这篇文章其水平之高，达到了大学英语专业学生的文章质量。

　　这一事实启示我们，在 AI 技术日新月异的今天，孩子们的学习与创造潜力正以前所未有的速度被激发。因此，家长们在追求孩子知识深度与广度的同时更应意识到，高情商与松弛感才是孩子能够真正拥有并受益终生的宝贵财富。

　　可以说，这不仅是一部关于育儿方法的书籍，更是凝结了我近 20 年教育实践和深刻思考的心血结晶。书中每一个字、每一句话，都仿佛在诉说着那些与孩子们共同成长的日子，以及我们在彼此生命中留下的温暖印记。

　　育儿之路，从来都不是一条坦途。在这条路上，我们既是孩子成长的引路人，也是不断自我反省、自我提升的旅者。作为父母，我们首先需要学会关爱自己、提升自己，才能在面对孩子的种种挑战时，保持平和与智慧。我们或许无法做到完美，但每一次因不周全而产生的愧疚与不安，都是我们成长的机会，让我们学会疗愈，学会更加宽容地对待自己和孩子。

　　我们共同的心愿，是让孩子成为一个独立、自信，对人生充满热情、希望与爱的人。这样的愿景，需要我们从自身做起，从学习、成长、管理情绪开始，成为孩子心中的那道光。我们的言行举止，无论是点点滴滴的小事，还是面对生活挑战的态度，都会深深地影响孩子，成为他们人生路上最宝贵的指引。孩子的成长是不可逆的旅程，让我们珍惜这段时光，用正确的方式去爱他们，让爱变得深沉而充足。

在撰写这本书的过程中，身边无数孩子和妈妈的故事涌上心头，它们如同一串串珍珠，串联起我对育儿的多层次理解。在北京、波士顿两地的无数个不眠之夜，我反复推敲，力求让每一个观点都能触动人心，每一段故事都能引发共鸣。此刻，当我回望这段历程，心中充满了感激与感动。

我要感谢本书创作团队的坚持与陪伴，是你们的信任和支持，让这本书得以顺利出版。同时，我也要向所有参与本书编辑工作的同仁表达最诚挚的谢意，是你们的辛勤努力，让这本书得以呈现给读者。

特别感谢我的儿子元宝，他的成长经历是我写作的重要灵感来源。更要感谢那些愿意分享自己故事，将真实案例呈现出来的爸爸妈妈和孩子们。你们的勇气与真诚，为这本书增添了无限的力量。虽然案例中的人物均为化名，但你们的故事，已经深深烙印在每一个读者的心中。

最后，我想对所有因这本书而与我相遇的读者说，这是一份奇妙的缘分。如果这本书能够触动你的心弦，引发你对育儿方式的思考，甚至改变你和孩子的生活轨迹，那将是我最大的欣慰。愿我们都能成为孩子爱自己、爱他人、爱世界万事万物的榜样。作为家长，我们不能只关注孩子的成绩，更要培养他们的软实力，软本领，让孩子拥有一生幸福的资本。

用心陪伴，静待花开，让孩子在自己的节奏中，绽放出最耀眼的光芒。